歡迎加入
寶寶睡好覺
新生兒父母必備寶典
嬰兒睡好覺，父母就可安心睡覺！

陳心心（inonat）著

自序

　　有養育過孩子的人都知道，頭一年是最為睡眠不足的時候。也有許多過來人會告訴你：「孩子能不能睡過夜是靠氣質」、「我老大什麼都沒做就睡過夜、老二一直到現在3歲還沒改夜奶」、「那些書跟部落格都不能信，養孩子是順應他跟看天生氣質」、「抱好抱滿給安全感」、「奶睡不會中斷睡眠」，這些網路流傳的金句名言看似正確，又好似告訴媽媽：「順著孩子就對了」、「養孩子就是要忍耐，睡眠不足只是運氣不好抽到氣質差的孩子」，覺得書跟部落格那些講得頭頭是道的媽媽，都只是運氣好抽到氣質好的小孩而已。

　　可是心裡又有一個小小的聲音升起：難道養孩子就得這麼辛苦嗎？還是要讓孩子睡過夜，學會自行入睡，就一定要很「百歲派」讓他哭就對了？有沒有一套科學、安全、折衷的方式，不要那麼「百歲」，也不要那麼「親密」，大多數的媽媽做不到整晚抱著，每個小時頻繁夜醒奶睡，更做不到整晚聽孩子哭啊！

　　國外研究嬰兒睡眠的領域已經行之有年，也找到許多「讓嬰兒好眠」的「關鍵因素」跟步驟，甚至現在國外也有許多專業治療嬰兒睡眠的機構、睡眠治療師，表示讓嬰兒好好睡不是夢想，也不那麼困

難，任何健康足月出生的嬰兒，都不該因照顧者一句「氣質」當藉口，失去了大人小孩都能好好睡覺的契機，有許多科學、安全的準則可以辦到；如果要與「百歲」、「親密」教派做區隔，期望看完本書，可以讓大人小孩都加入「**好好睡教**」的行列。

還記得筆者帶著孩子去打預防針，醫院衛教護理長拿著制式的表格問我：「不能讓孩子趴睡喔！要仰睡！要獨自在淨空的嬰兒床上睡覺，有做到嗎？」我回答：「有。」那護理長抬頭不可思議的表情，再三確認一次：「真的有做到啊？」我說：「有啊！」護理長問我：「你是讓孩子哭到睡嗎？」我回答：「不是，這是有方法的。」

筆者養的2個孩子，第一胎睡眠氣質差，該遇到的問題都遇到了，但仍然有方法可以幫助孩子，搭配適合孩子的作息，孩子睡得好、吃得多，各種指數都是50～90%；第二胎睡眠氣質較好，依照理論經驗當然很快就進入狀況發展好，如此大人也能保有充足的睡眠而開心育兒。「這一切，僅需要照顧者建立正確的觀念，拋棄似是而非的網路觀點。就讓我們一起隨著後面的章節，一一了解如何讓嬰兒加入「**好好睡教**」的各種知識吧！

除了第一年需要知道的知識與準則外，本書亦將規律作息、改入睡方式等細節一併公開，也提供了一些市面上副食品書較少提到的「時機」、「教養」等議題，期望能幫助大家渡過第一年的各種難關！

本書提供的觀念及做法切勿斷章取義或套用不同月齡方法以致有不適用的狀況；閱讀完本書，於書末提供討論版連結，除讓您能更了解本書內容外，還可以與其他想解決睡眠問題的家長一同討論並參考其他的實務做法。

歡迎加入
寶寶睡好覺

目錄 Contents

第二章
固定餵奶間隔與規律作息

第三章
戒除夜奶方式

第四章
餵奶原則與腸胃照顧

第五章
吃飯

第一章
嬰兒睡眠探討

第一節　睡眠理論

相信許多新手父母把小孩帶回家，當天晚上就開始感到地獄的開始，寶寶為什麼你半夜不睡覺？日夜顛倒怎麼辦？為什麼寶寶睡覺這麼不安穩？在月中明明就很乖的阿？要解決這個問題，首先要了解寶寶的正常睡眠生理現象。

寶寶淺眠是正常的生理現象

有關小孩睡眠的生理現象，我最喜歡崔西講的一段話，如果您說您昨天睡得像嬰兒一樣，那就代表您昨天每45分鐘起來一次。是的，還沒當父母以前，我們都幻想嬰兒會很愛睡很好睡。

一、大部分嬰兒睡眠模式的特點

【觀念1】每30～40分鐘起來一次

這就是睡眠週期，有些嬰兒好一點是50分，附帶一提，成人通常是3～4小時，睡眠週期因人而異，您可能會很好奇什麼時候會變成3～4小時？答案是隨著年齡增長才會漸漸拉長成3～4小時，通常要3歲以後。

歡迎加入
寶寶睡好覺

【觀念2】承上，醒來之後睡不回去甚至會哭

新生兒在睡眠週期轉換時，沒有自行入睡及銜接入睡的能力，成人睡6～8小時事實上也是經過2次以上的銜接入睡，這件事情我們成人每天都在做，但新生兒不會，成人經由反覆的練習才學會，因此他極有可能會哭著求救，如果大人不明就裡，常常會培養成非預料的哄睡習慣。

【觀念3】寶寶難以入睡，入睡前會哭

是的，新生兒累了不會自行入睡，會哭著求救請大人幫忙睡覺，不知道這種感覺就是「累了需要睡覺」，我也是養了小孩才知道，原來人一生下來連睡覺都不會，要靠大人教導學習，如果不明白嬰兒生理現象及原理，非常容易造成哄睡問題。

【觀念4】入睡平均需要20分

月齡小時（一般＜4個月），如果沒有其他哄睡習慣，排除其它太冷太熱身體不適沒吃夠等可能性，入睡平均需要20分。

【觀念5】前15分鐘非常容易清醒

4個月內的嬰兒會先淺眠再深眠，成人一入睡後則會先深眠再淺眠，但很慶幸的是，大部分此問題4～6個月後會自然消失。

第一章
嬰兒睡眠探討

【觀念6】驚嚇反射

未滿6個月的嬰兒，因為腦神經發育尚未完成，所以容易出現驚嚇反射。滿6個月後的嬰兒睡眠模式逐漸接近成人，除自行入睡、銜接睡眠如無教導仍不會，睡眠週期還是維持30～50分外，其他幾乎與大人無異，也就是可以無夜奶睡滿10小時，但他不一定會很安靜睡覺。

【觀念7】銜接睡眠理論

銜接睡眠理論＝睡著前是什麼狀態，還要睡就是什麼狀態。（很重要講3次！必會！）

據說這是哺乳類的機制，哺乳類新生兒會有自我防禦的機制，每30分鐘就會醒來「確認」周遭環境是否安全，如果跟他睡著前的環境相同，他就認為安全。想像在遠古大草原時代，新生兒非常容易被野獸吃掉，故新生兒必須每30分鐘起來確認是否還在安全的環境中，現代人雖然不必再擔心被野獸吃掉，但仍保有生物演化必須的機制，故除了極少數人天生下來，此機制不靈活可以睡得很好以外，絕大多數新生兒都是會自我檢查是否安全活著的模式。

所以如果嬰兒睡著前含著奶，那麼他醒來沒有奶一定大哭叫媽媽；如果他睡前含著奶嘴，那他半夜醒來就會跟您討奶嘴；如果他睡在大人身上，醒來發現他睡在嬰兒床鐵定大哭；如果他睡前含著媽媽的奶頭睡覺，那麼他半夜一定會去找媽媽的奶頭，以上都是銜接睡眠理論。

歡迎加入
寶寶睡好覺

二、常見案例說明

⭐ **案例1：剛滿月的Q寶，無法睡過夜，「淺眠易醒」，每次睡覺都要大人抱著才能睡久，一放下來就醒，是個「高需求寶寶」（X）。**

這樣的孩子再正常不過，根據理論，您應該知道如持續無人教睡眠，幾乎所有的孩子都淺眠易醒，這個案例因為媽媽為了哄孩子不哭，一直抱著搖著直到孩子睡著（觀念7），以為孩子睡著了就能放下，殊不知孩子前15分鐘容易醒（觀念5），也不知道只要睡著後持續抱10～15分鐘就可以放下，而誤以為要整段抱著；其實放下後等要銜接睡眠時再抱起來，若又睡回去了就可以再放下，這當然不算是好的做法，因為我們要做的就是根本解決這個問題，盡早幫助孩子會睡覺，別再給寶寶貼標籤說是高需求寶寶了。

⭐ **案例2：滿4個月的小饅頭媽媽，最困擾的就是明明2個月就沒夜奶了，怎麼突然間走鐘了，而且就再也沒回來過，好懷念以前可以奶睡奶醉的日子。**

因為新生兒的天生機制就是很愛奶睡，所以如果讓孩子含著奶瓶或奶頭睡覺，根據觀念7，他醒來想繼續睡，當然會討奶。若不懂這個道理，還是持續奶睡，那麼到了6個月後，會有很大的機率頻繁夜醒，而且長大不會好，會持續夜奶下去，輕則大人每晚必須起來餵奶導致精神不佳，嚴重則會造成孩子蛀牙。

觀念釐清：親餵跟瓶餵都可以做到6個月以後無夜奶

很多親餵媽媽很委屈，常被長輩歸咎夜奶都是親餵的原因，這是大錯特錯！實務上很多案例都是配方奶超過6個月要夜奶，筆者身邊就有不少熊貓眼親友案例，也有很多親餵媽媽懂得「不要讓孩子含著乳頭或奶頭睡著」、「學習分辨討睡安撫還是真的肚子餓」這2個重要的道理，順應孩子散發不夜奶的訊號，在3～6個月就讓孩子真正睡過夜。親餵不是孩子討夜奶的原因，若不懂理論，即使聽從坊間偏方停母奶、改配方奶仍無法戒掉夜奶；懂理論的媽媽，白天仍然可以快樂享受親餵，晚上寶寶一樣一覺到天亮。

★**案例3**：6個月的小荳荳發展很好，可是到了每次睡覺都要在推車上搖很久或是開車才能睡著，且半夜也要大人抱起來搖，甚至爬樓梯爬上爬下。

根據觀念7，搖晃及移動對於新生兒是一個很強烈的安撫方式，可是如果到了6個月，還是以這樣的方式安撫，大部分的父母都會覺得無法負荷，尤其是半夜根本無法做到，孩子不會知道這些，他只會想：入睡時候的搖晃呢？你們過去都用搖的方式讓我睡覺，我現在要睡覺了，再抱我搖一搖我才能睡。

✦**案例4**：可愛的小睫毛已經4個月了，長輩說要用安撫奶嘴讓孩子睡覺，睡一睡會自己吐出來不會醒，雖然她不用夜奶了，可是半夜都要撿奶嘴，一個晚上要撿3～4次，凌晨5點前後2小時幾乎要一直塞著，大人都不用睡，隔天還要上班好累。

根據觀念7，不當的使用安撫奶嘴，讓孩子含著睡著，就跟奶睡一樣，一樣會造成頻繁夜醒撿奶嘴的問題，事實上，安撫奶嘴的發明就是用來取代媽媽的奶頭而已，正確的作法是吸奶嘴僅為營造睡意，不可以讓孩子含到睡著。

✦**案例5**：救命啊！孩子6個月後竟然變成一夜7次郎，一個晚上要喝7次奶！每1～2小時醒來一次，媽媽已哭（枯）。

這種文章我看討論版常常會出現，就是觀念7造成的，十個中有十個人都是不懂得銜接睡眠理論，讓孩子6個月前都靠喝奶睡覺造成的，不懂得孩子其實是深淺眠轉換無法自行銜接睡回去，因為入睡時媽媽讓孩子含著奶睡著，當然銜接睡眠也會起床哭哭跟媽媽討奶喝了。其中還會大部分都附帶說：「我的孩子從出生就淺眠，是高需求寶寶……」。

【觀念8】新生兒睡覺不一定會很安靜，會發出聲音，也會翻來翻去

長輩會用「春輪」來形容這個現象，很正常，別人的寶寶也是這樣，扭來扭去，發出恐龍般的咕嚕聲、大叫甚至哭都有可能，但這些

並不代表他要喝奶，請等個5分鐘，有時寶寶只是在說夢話，寶寶的說夢話就是哭，請記得寶寶的語言只有哭，有時候等一下，哭個2～3分鐘就自行睡回去了。

觀念釐清1：可是長輩或小姑或誰說她的小孩小時候睡得很好

新生兒會有這些現象大約在4個月內，基本上長輩親友可能都記不得他孩子這段期間，別說長輩了，許多孩子才3、4歲的媽媽都會忘記，生二胎時還會上網發問，您說呢？另外一種可能性是他們錯把2、3歲以上較為穩定的睡眠，當成是「小時候」，這邊討論的是0～2歲兒，特別是6個月內的睡眠生理現象。

觀念釐清2：我的孩子不像別人睡得那麼安穩

跟上一點很像，基本上這種「別人」有3種人：
◆您的比較對象是成人
◆您的比較對象是3歲以上的幼童
◆您的比較對象是已經會自行入睡的0歲兒

前面2種就不多說了，同觀念釐清1，如果是第3種，通常媽媽背後都花了很多心思教。

　　如果您實在不相信每個孩子天生下來不會睡覺，覺得淺眠是孩子的氣質，自己生到一個淺眠寶、高需求寶寶，告訴您一個數據，上面那個頻繁夜醒案例是幾乎每週各討論版出現很多篇，如果包含其他的嬰兒睡眠問題，幾乎是每天2篇以上的討論串，若孩子睡不好是氣質問題，會有這麼多討論嗎？孩子的氣質是容不容易教他自行入睡，而不是他天生好不好睡，因為幾乎所有的孩子天生下來都不好睡。

　　睡覺也需要教導跟練習，沒錯，以上都是生理現象，也就是天生如此。養了小孩之後的我才知道，原來人天生下來「不會」睡覺跟吃飯，即使寶寶喝奶也是要學習如何吸吮，因此「睡覺」跟「吃飯」都是要學習的，人生下來第一個面對的課題就是睡覺，而前6個月就是打下未來睡覺基礎的關鍵，育兒沒有對錯，自己開心最重要，每個人對於育兒的觀點不同，方法百百種，出發點理由皆不同，如果不明就裡拿來亂套亂用，不但孩子無所適從，也弄得自己狼狽不堪，犧牲痛苦忍耐。

　　個人對於育兒方式的看法是：「要知其然也知其所以然」，孩子在0～1歲還不會說話，因此必須：先了解小孩適齡的生理需求，透

過觀察紀錄「親近貼近孩子的真實需求」，再來教導孩子反覆練習達成；所以我看待孩子睡眠的態度是「幫助引導」，非坊間所說的「訓練」，訓練是絲毫不明就裡的將公式套入小孩，如果您對孩子的睡眠沒有任何的了解，隨便上網查了一些百歲派或親密派或甚至是沒有根據的文章就照做，更甚者一下子親密一下子百歲，或是長輩同住鄰居抗議就不思考解決問題，到最後不但孩子無所適從，自己也搞得一身狼狽，我很喜歡崔西的一段話，孩子其實沒有那麼多想法，如果連父母都不知道怎麼做，那要孩子怎麼辦呢？不管您是決定親密派，或是傳統育兒哄抱搖奶睡，還是決定百歲派等等，記得不要任意改變，父母的心態要始終如一、作法一致，且要注意，6個月以後，睡覺模式就會逐漸定型了，到時候要改會非常痛苦，有些孩子非常固執，也不是想改就能改的。

第二節 日夜顛倒成因&處理方式

日夜顛倒常見於6週～3個月前的新生兒，原因如下：

◆6週後逐漸分泌褪黑激素，在此之前無日夜觀念。

◆未滿月只能長睡眠最多4～5小時，2個月前長睡眠只有5～6小時。

基本上長睡眠如果未落在晚上12點～早上6點間，對成人來說非常痛苦，也是最困擾父母的一點，由上面2個原因就知道，新生兒實在睡不長，因此非常容易日夜顛倒。

一般來說，新生兒6～9週可逐漸發展並穩定作息，對大部分不懂得理論的新手父母來說，看到這句話常以為孩子會自己調作息，結果可能到6個月以上都還沒有作息可言，其實大多數孩子都需要大人引導作息。

以筆者而言，第二胎的運氣不太好，一開始回家就日夜顛倒，症狀如下：

◆白天超好睡，幾乎不用哄。

◆晚上不睡覺。

沒有日夜顛倒的滿月小孩，白天小睡原則上都很難睡，如果您發現孩子白天都睡很沉，晚上開始很不好睡，就是日夜顛倒。

調整建議

1、白天照太陽

抱到可以照到太陽的陽台，室內陽光充足的房間，或是推出去外面，但要注意新生兒的眼睛不能直射太陽。

2、白天在日常活動下睡覺

即使有他個人的房間，也不要讓他在房間睡，還沒調整固定前，白天推出來客廳睡都可以。

觀念釐清：小睡要關燈在獨立的房間小床睡

有些長輩會告訴你要讓孩子習慣小睡在客廳，但對一些光線、聲音敏感的孩子來說，跟成人一樣，睡覺需要安靜且昏暗的環境，因此沒有日夜顛倒的孩子就要關燈在獨立的房間小床睡，除非日夜顛倒且2個月內，才建議採用連小睡都開燈、在日常活動下睡覺的方式來調整，一旦調整後無日夜顛倒現象，就應該讓孩子回到獨立房間小床睡，但這不代表要分房睡，為了避免嬰兒猝死症，應同房不同床。

3、白天規律作息並保持整段餵奶都是清醒的

這點是基本功了，雖然很難做到但一定要打斷他的睡眠，不可讓他在白天一次連續睡3小時（含）以上。

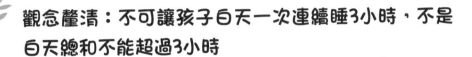

觀念釐清：不可讓孩子白天一次連續睡3小時，不是白天總和不能超過3小時

請注意是不可以讓孩子白天一次連續睡3小時，這句話的意思是說，您不可以讓他白天小睡的時候從早上9點睡到下午1點，最多只能讓他睡到12點，而不是指白天總睡眠不能超過3小時，很多父母親都會以為白天完全不讓孩子睡晚上就會睡好，完全大錯特錯！尤其是月齡小（＜4個月），白天的總睡眠時數都需要5～6小時左右，要看作息如何安排，白天總睡眠時數3小時是8～10個月以上才辦得到，月齡小會過累，長睡眠反而會更睡不好。

4、長睡眠前1.5～2小時保持清醒

這是關鍵步驟，以您想要的長睡眠時間往回推，例如：晚上10點，那麼從8點或8點半就不能睡，10點前餵完奶送上床，這中間您可以排洗澡延長清醒時間，等孩子習慣以後這段會很鬧，也就是所謂的黃昏哭鬧。

5、破壞性的活動

例如安排一個打預防針的早上等等，毫無作息可言，因為要出門所以一定會讓孩子睡睡醒醒，所以相反的如果您沒有日夜顛倒，遇到這種活動要格外小心變成日夜顛倒。

上述除了3、4點建議是每天都要持續做以外，2、5只要有改回來了就要停止，做得正確最慢第6～8週就會有所改善。

滿3個月後還是日夜顛倒，例如晚上12點～2點才睡，白天睡到12點，要往調作息的方向下手，除非特殊原因，否則勿讓嬰兒那麼晚睡，對他的健康發展很不好。從19～22點開始睡，固定於3～5點起床並不是日夜顛倒，這是孩子喜歡早起的現象。

歡迎加入
寶寶睡好覺

第三節 入睡方式（自行入睡）

一、基本觀念

（一）新生兒大部分都不懂「想睡覺＝眼睛閉上就睡著了」

孩子的睡眠問題本來就不是問題，他只是不懂「想睡覺＝眼睛閉上就睡著了」這個道理，其實這麼簡單的道理，別說孩子不懂了，就連大部分的大人都不太懂，不然為什麼會有睡眠門診呢？

或許大人有無數的苦惱跟情緒，但嬰兒比我們簡單，由於他最接近0及完美的存在，尚無這些苦惱跟情緒煩惱，他只是不知道這種感覺就是要睡覺，或是不知道要如何自己睡覺，也就是自行入睡。

（二）銜接睡眠理論＝睡著前是什麼狀態，還要睡就是什麼狀態

在第1節睡眠理論中，已經說明了這個理論非常重要，這邊就再複習一次，哺乳類新生兒會有自我防禦的機制，每30分鐘就會醒來「確認」周遭環境是否安全，如果跟他睡著前的環境相同，他就認為安全。

所以如果嬰兒睡著前含著奶，那麼他醒來沒有奶一定大哭叫媽媽；如果他睡前含著奶嘴，那他半夜醒來就會跟您討奶嘴；如果他睡

在大人身上，醒來發現他睡在嬰兒床鐵定大哭；如果他睡前含著媽媽的奶頭睡覺，那麼他半夜一定會去找媽媽的奶頭；以上就是所謂的銜接睡眠理論。

（三）嬰兒正常所需入睡時間為20分鐘

如無任何已經養成的慣性哄睡方式，且孩子月齡很小（＜4個月），平均入睡時間為20分鐘。

（四）名詞定義

1、哄睡：需要靠大人的睡眠連結，會影響大人的睡眠，例如：抱睡、奶睡等。

2、自行入睡：對大人而言負擔不重，或可由小孩自我安撫的睡眠連結，例如：安撫巾、吃手等。

二、入睡方式說明

以下說明分析各種入睡方式的優缺點，提供參考評估：

（一）奶睡：所謂奶睡就是給奶睡覺

許多老一輩的人都認為睡覺之前泡一點奶非常正常，可是換到媽媽親餵就不行，其實這兩者是一樣的原理，孩子月齡小剛吃完容易吐奶溢奶，孩子超過1歲則有蛀牙的危險。寶寶因為銜接睡眠理論只是深淺眠轉換需要安撫，等睡了一個睡眠週期會再起來確認周遭環境是否一樣，也就是睡著前是什麼狀態，睡醒還要繼續睡就是什麼狀態，因

此如果是奶睡，則代表您還得給他喝奶，這也就是新手父母最常犯的錯誤，不懂得分辨是睡覺討安撫，還是真的肚子餓要喝奶。

缺點：月齡小時易溢吐奶甚至有窒息風險，易過度餵食，夜奶頻繁，月齡大時容易蛀牙。

解決方式：不要讓孩子含著奶睡著，滿月後就要開始學會分辨孩子深淺眠轉換討安撫的哭聲，以及真正肚子餓的哭聲。

分析：這方式個人認為最不好，除非未滿月，否則滿月以上就是盡早讓孩子清醒喝奶，觀察記錄後有規律性即可導入吃玩睡及規律作息，若每次都吃完睡，有多數孩子到4個月後就會開始小睡不穩，頻繁夜奶，等到了6個月以後還沒改掉，就會很容易每1～2小時醒來一次討夜奶。

另外有一種奶睡的變形，則是半夜用奶瓶給米糊或水，有許多人聽信網路或長輩方式，睡前給米糊，以為這樣可以減少孩子肚子餓起床，事實上，健康足月出生的孩子，6個月以後都有能力不喝奶連睡10小時，熱量不足肚子餓在6個月後已不是主因，而是習慣性夜奶，是照顧者不懂得此理論，在前6個月的時間教孩子半夜要起床喝夜奶，只要還是讓孩子含著奶睡著，狀況還是會一再發生。

（二）抱睡、趴在大人身上睡覺

基本上我覺得這個方式還可以，有些孩子一旦睡著是可以讓人放回床上的，只是他又醒來時還會再找你就是了，如果剛好遇到孩子放

回床上就醒的，那麼大人只好忍耐不去上廁所了，如果是抱睡，6個月以後孩子變重您就要考慮是否更換方式。

　　缺點：大人手很痠、半夜上廁所困難。

　　解決方式：除非3個月內，否則不要選擇這種方式。

　　分析：雖然3個月內還可以使用這種方式，不過請您注意安全，不要抱著孩子一起在大床睡，小心孩子窒息，趴睡也有一定程度的嬰兒猝死症風險，這就是此法危險的地方，而6個月後孩子變重根本無法抱著，更何況此時大人多半已經無法負荷。

（三）安撫奶嘴

　　缺點：大人要幫忙撿奶嘴，直到孩子會去撿奶嘴，通常是8個月以後的事情，有牙齒變形問題。

　　分析：很多長輩喜歡用這個方法，因為大部分的孩子吸一吸就會睡著了，加上通常8～10個月就可以自行去撿奶嘴，形同自行入睡，以及奶嘴好消毒等特性，但它有一個不太好的地方就是會影響牙齒發展，因此許多牙醫都建議要盡早戒掉。我對這個方法並沒有持反對意見，只是在孩子尚未學會撿奶嘴前，以及孩子3個月以內，奶嘴並不太容易吸穩，您必須要頻繁撿奶嘴。尚無法使用安撫巾前，安撫奶嘴是個可以考慮的選項，可成為自行入睡月齡：8～10個月後。

觀念釐清：奶嘴可以是哄睡也可以是自行入睡

常常有許多媽媽詢問時，提到他的孩子可以用奶嘴「自行入睡」，遇到這種我都會特別細問孩子是否能自己去床上撿奶嘴來吸到睡著，假設孩子可以在銜接睡眠時，自己在床上找到奶嘴來吸到睡著，這樣才算是「自行入睡」；假設半夜還是會哭著叫大人去撿奶嘴給孩子吸到睡著，這不是自行入睡。

（四）吸手指

缺點： 可能手指會變形、須注意消毒。

分析： 一般來說銜接睡眠時吸手指對於某些派系來說是很好的，因為吸手指安撫大約在3～4個月時就會，而且自己的手指容易找到。尚無法使用安撫巾前，這是個不錯的選項，可成為自行入睡月齡：3～4個月後。

註： 如果孩子在4個月內，開始會有吸手指睡覺的現象，又想避免這個缺點，您可以考慮使用蝶形包巾，之後有機會轉成安撫巾使用。

觀念釐清：吸手指入睡會不會變成長大吃手？

筆者本身是個長大吃手的咬甲症患者，長大吃手的心理成因，往往跟入睡一點關係也沒有，最主要是因為覺得無聊、焦慮，不一定是緊張，例如開會、等公車時，才會在清醒時吃手，如果很忙碌，根本無暇吃手，入睡時也不會吃手，小時候入睡方式據媽媽說是抱睡，筆者入睡需要半小時以上也不會吃手玩手。

有些不是靠吃手入睡的孩子，到了1歲以後，會因為口慾期或無聊等因素，例如在汽座、推車上吃手，這些孩子很多都不是靠吃手睡覺的，假設大人又疏於照顧，常常放著他自己玩，超過1歲半口慾期過了還未加以制止，這樣才會演變成長大吃手。

（五）白噪音、音樂、小海馬

　　缺點：某些極端難睡的人會沒辦法睡，且不是每個小孩都買單。

　　分析：這個方法幾乎沒有缺點，相信放音樂到20歲沒有大人會覺得麻煩，大部分催眠音樂都很催眠的，如果寶寶可以睡著大人也可以跟著睡著，那這方法恭喜您可以善用，但有時大人陪睡時往往自己快睡著了，寶寶都還沒睡，那這方法他不買單您也沒轍，可成為自行入睡月齡：任何時候。

值得一提的是白噪音包含：吹風機、抽油煙機、電風扇、下雨聲、噓-噓聲。白噪音從0個月開始到4個月或最長到6個月，有些孩子很吃這套，噓噓聲則為大人發的聲音，要發輕柔且拉長一點像水流般的噓噓聲。使用這個方法大概只怕沒電，還有要記得備份音樂，另外自己唱的人，要注意半夜孩子可能會要求您唱。

（六）拍拍、搖搖

缺點：半夜還是得做一樣的事情。

分析：基本上拍拍搖搖，如果是在他的嬰兒床上是很簡單的事情，半夜大人手伸過去就能做到，比撿奶嘴還簡單，如果是在自己身上抱來抱去走來走去，更甚者上下樓梯搖來搖去那就辛苦了，在小人兒的嬰兒床上拍拍搖搖沒關係，但不要再加上走路抱起來，這很累人的。尚無法吃手安撫，或使用安撫巾前，個人認為在嬰兒床上拍拍搖搖孩子安撫是個不錯的選項。

（七）其他瘋狂行徑如開車、推車

缺點：半夜您也得開車出門。

分析：在外國人寫的書上常看到這種例子，不過如果小孩月齡大到可以分辨小睡大睡時，小睡在車上睡倒是沒有關係的。

（八）安撫巾、安撫小被被、安撫娃娃

缺點：月齡小時要注意不能有窒息危險，建議需8個月以後再考慮使用。

分析：這個方法非常好，除了早期和安撫奶嘴一樣，因為孩子無法控制手自如無法使用外，幾乎無任何缺點，也是所有書上建議的方式，但很可惜要等孩子能使用大約要等6～8個月後，且在挑選時請注意大小及厚度，不能有窒息危險，像手帕一樣是個比較安全的選項。要讓這個方法有用，可以在餵奶時，把安撫物放在孩子與你中間；睡覺時，放在孩子的床上，放在孩子的手上，先讓孩子抓著睡著。使用這個方法，記得要多準備幾件供替換清洗及以防不見，孩子對於這種安撫物，包含顏色、氣味、花色都會很講究，最好是完全一模一樣的。另外提供一個點子，媽媽可以給孩子穿上自己的短袖T，下方打結，就是類似某蝶形包巾的原型，孩子在可以吃手後，就可以吃袖子自行入睡，不過要提醒的是，自製這種包巾要注意安全不要太大件以免有窒息危險，當然您也可以很有創意，把短袖T剪成像手帕一樣大小縫好邊緣不脫線當安撫巾，可成為自行入睡月齡：6～8個月後。

（九）睡覺要靠著大人、要拔大人的頭髮、摸大人的肚子、握著大人的手

缺點：半夜大人會被打擾、大人不能離開、頭髮被拔光。

分析：這種狀況常見於月齡大的，10個月～1歲後，而且這方式一定是大人小孩共眠大床上，這方式就是大人本身變成上述的安撫物了，對於大人而言如果負擔不大，也算是自行入睡。

小結：請記得一件事情，醒來狀態＝睡著狀態，所以您能夠想一個讓他睡著的辦法，自己半夜做也很輕鬆或還可接受不會造成危險，那就是個好辦法。

三、各種入睡方式的安撫強度討論

孩子月齡小時，您要先尋找孩子願意接受的哄睡方式，這方式您目前做起來也尚可接受，等到孩子生理準備好的時候，大約是7週～3個月，已經規律作息一週穩定後，就可利用此哄睡方式。其中哄睡方式與孩子的接受度，會跟月齡及這方法本身的安撫強度有關係，接著就探討各種入睡方式的安撫強度：

安撫強度	方式	說明	滿4個月後可能會發生的狀況
最高	奶睡	如果您可以奶完又馬上睡著，而且覺得很舒服可以持續到2歲以上為前提，那麼奶睡對您來說也可以，僅需注意孩子頻繁夜醒跟牙齒清潔。	◆頻繁夜醒。 ◆如果是瓶餵者一定要注意奶瓶性齲齒，不過一般瓶餵者比較不容易出現6個月後還奶睡的狀況。

安撫強度	方式	說明	滿4個月後可能會發生的狀況
較高	人移動的方式，例如：人抱著走來走去、搖來搖去、揹巾、趴在大人身上睡	之前我看過一篇報導，這是因為哺乳類的機制，當媽媽帶著孩子移動遷徙時，代表正處於危險可能會被吃掉的狀態，因此孩子會馬上不哭鬧。所以各種貼著大人且有移動的、搖晃的安撫程度都會很高。	小孩會變得很重，請自行評估是否有能力持續這麼久，如月齡大了要改，此時孩子哭聲會非常大且激烈，而家裡不能接受孩子大哭，或住大樓公寓隔音不佳者，要改會非常辛苦。
高	移動且搖晃，例如：推車、汽車	跟上述狀況原理類似，因為沒有貼著大人安撫程度稍低。	小孩會長大，推車只有固定那個尺寸，且會翻身爬起來有傾倒危險；汽車、機車睡覺不要覺得誇張，筆者友人真的這樣每天晚上騎機車載小孩哄睡的，不管風雨寒暑，請小心著涼。
中	奶嘴	模擬人肉奶嘴的安撫奶嘴，讓孩子接受的祕訣是要跟原本奶瓶用的奶嘴很像。	在孩子不能撿奶嘴前（一般能撿奶嘴約8～10個月），必須要半夜幫忙撿奶嘴。

安撫強度	方式	説明	滿4個月後可能會發生的狀況
中低	在嬰兒床上的拍、搖	在嬰兒床上的拍拍搖搖，包含拍孩子的肚子、胸口、背部、大腿等，有些孩子不願意接受只是拍的部位、手勢、力道差異。	這個部分就必須要看孩子接受的程度，如果孩子願意接受，半夜大人做起來其實不難，個人覺得比撿奶嘴輕鬆。
中低	安撫巾、被被（有許多透氣孔洞的小毯子）、蝶型包巾、媽媽T恤改良的包巾	未滿3個月幾乎無法使用此方法。其中蝶型包巾是運用孩子可以吃手的能力，孩子只要能吃手，就能吃包巾的袖子，將安撫巾的作用提前至3個月後就能使用；非特殊設計的安撫巾跟被被要非常注意是否會遮住孩子的口鼻，要注意被被跟安撫巾的大小，建議至少8～10個月以上，手能自行控制才能給。	基本上孩子能使用這種方式已經形同自行入睡，大人介入的程度低，只是一開始（＜3個月）幾乎無法使用這方法；在不會吃手的孩子身上，包巾只剩包緊緊的作用。

安撫強度	方式	說明	滿4個月後可能會發生的狀況
中低	吃手	孩子能吃手入睡也屬於可以自行入睡了，通常至少要3～4個月才會。	吃手常有衛生問題，如讓孩子吃手需頻繁清潔手部。
低	白噪音、音樂	白噪音僅於4～6個月前適用，音樂則是要較大月齡（>6個月）且每天都納入睡眠儀式才有作用，屬於陪襯的效果。	這方法也屬於自行入睡的一種，無任何缺點，我可以做到20歲。
極低	哭	當上述方法都不給時，僅能哭睡。	請勿讓孩子到4個月以後還僅用哭睡，哭聲會非常大聲。

　　基本上您想選擇強度越低的安撫方式，孩子就越不容易接受，越小月齡的孩子僅能使用強度較高的安撫方式，較小月齡（＜3個月）的孩子，暫時可以使用強度高的安撫入睡，等孩子一旦3個月以後，就必須慢慢改成強度中以下的安撫方式，並且慢慢轉換為讓孩子練習可以自行安撫的入睡方式，也就是所謂的自行入睡。

強度低的安撫方式幾乎算是自行入睡，這些方式可以提供給孩子複合的方式，例如：放音樂＋蝶型包巾、放音樂＋在嬰兒床上拍拍或搖搖等等。強度高的安撫方式就僅能給一種，因為如果2種以上大人半夜非常難做。

例如：大人站起來抱搖＋塞奶嘴，這就是非常不恰當的方式。除不同人安撫方式不一致效果會打折外，半夜做起來也非常辛苦。

四、適當的入睡方式

依照理論3歲以下的小孩，其實並沒有發展自行入睡的能力，必須要依賴安撫物才能入睡。（很重要！說3次）

成人的自行入睡，是指累了可以閉上眼睛睡著，不需要任何安撫物或睡眠連結；除了極少數的嬰兒以外，絕大多數嬰兒睡覺都一定要靠適當的入睡方式，例如：搖、拍、抱、安撫巾、白噪音、安撫奶嘴、奶、媽媽的奶、音樂等。我們要做的，就是從這些睡眠連結中，找出不影響大人的方法。

（一）選擇適當的入睡方式

例如：孩子入睡時是靠著聽音樂睡著，這樣孩子睡到一半深淺眠轉換需要銜接睡眠的時候，只要再聽音樂就可以睡回去；入睡時靠安撫巾，深淺眠轉換時也可以咬咬安撫巾睡回去。

（二）不適當的入睡方式

例如：孩子入睡時含著奶，孩子淺眠清醒要睡回去還得靠媽媽的奶；含著奶瓶，半夜就要討奶；摸著大人的身體睡覺，抱著大人睡覺，趴在大人的身上睡著，醒來的時候就還是要摸著大人、抱著大人、趴在大人身上。這些方法都需要大人，造成大人無法離開孩子，如果大人要去上廁所、做家事、照顧另一個小孩等，或大人本身淺眠易醒，長久下來，大人疲憊不堪，這些都是不恰當的入睡方式。

孩子3歲前沒有能力靠自己入睡，也就是無法真正的自行入睡，只能靠著安撫物、撫慰物來入睡及延續睡眠；成人可以真正自行入睡，這就是您與他的差異，也是造成許多大人誤會孩子累了會自己睡覺，造成孩子過累哭鬧，大人小孩都睡很少的原因。如果孩子的入睡方式，是需要大人的，那麼長久下來，半夜雙方睡眠常被中斷，這就是問題的所在。因此所有探討嬰兒睡眠的書籍都是請您評估寶寶目前的入睡方式，您是否還能負擔，且要有心理準備，一旦選擇入睡方式，孩子習慣後必須持續到孩子3～4歲以上，如果您評估自己無法做到3～4歲以上，您就必須轉換入睡方式，或讓孩子盡早學會「寶寶版的自行入睡」。

這邊所謂「寶寶版的自行入睡」（以下簡稱為自行入睡），是指在不需要大人，或退而求其次不影響大人，大人可以負擔的入睡方法，例如上面所述的安撫巾、放音樂等等方式都是自行入睡。

月齡小（＜4個月）的寶寶要自行入睡，大人能運用的方式有限，通常需要大人介入使用哄睡的方式，待寶寶學會吃手後才開始可以學習自行安撫入睡，若擔心寶寶手部衛生問題，市面上有販售設計過的蝶型包巾可改善此問題。

觀念釐清1：奶嘴可以是哄睡也可以是自行入睡

奶嘴在孩子無法自己撿起來吃之前，假設孩子奶嘴掉了會哭醒，塞奶嘴後就會睡著，必須要一直幫忙撿奶嘴，這不是自行入睡。

約8～10個月，孩子的手可以控制自如後，他睡到一半會自己去找奶嘴吃，這算是自行入睡，不過要注意這麼做到2歲後會影響牙齒生長，必須要改掉。

觀念釐清2：常見的自以為是自行入睡

◆我的孩子3個多月，他可以自己吃奶嘴睡覺（×）：
小於8～10個月以下的孩子手還無法控制去抓奶嘴塞到自己的嘴巴吃，奶嘴掉了會哭醒，要靠大人塞奶嘴，不是自行入睡。

◆我的孩子必須要抓我的頭髮，我的孩子必須要睡在我的身上（X）：

大約1歲多的家長常會這麼說，家長自己本身是安撫物，孩子會需要家長本身這個安撫物才能睡，如果不影響大人狀況下，這其實某種程度算是自行入睡，但如果家長無法陪睡的話，孩子會起床。

◆剛學會2～3天就以為會了（X）：

至少必須要一週都可以不靠大人睡著才算是學會。

五、如何讓嬰兒哭很少或甚至不哭睡著？

基本上嬰兒大部分不懂「想睡覺＝眼睛閉上就睡著了」這個道理，所以當他累時，又不會說話，只能用他唯一的語言「哭」，告訴您他要睡覺，非新手媽媽都知道，小孩的哭聲分成非常多種，久了您就會分辨「想睡的哭聲」、「過累的哭聲」、「肚子餓的哭聲」等等各式哭聲，因此首先您要會分辨他是想睡的哭聲及訊號。

Step1：辨別孩子想睡的訊號

滿6週後若導入規律作息及吃玩睡理論，請詳見第二章第一節的〈二、（七）哭聲判斷〉，那麼可以很輕易地排除其他生理需求的哭聲後，很快的知道嬰兒想睡的哭聲，但其實一般來說，等到嬰兒討睡

哭多半是過累了，請觀察孩子在還沒哭之前的訊號，下次早一點在還沒哭前就送上床。

Step2：對的時間送上床

嬰兒在討睡哭之前，會有一些訊號，例如眼神呆滯、動作遲緩，甚至揉眼睛，但月齡太小多半無法揉眼，新手爸媽也不太會觀察，常導致孩子過累哭，若孩子氣質較為固執，並不一定哭累了會睡著，就必須還得先安撫情緒再哄睡。如果在對的時間送上床，則哭的時間會最短，甚至不哭就能入睡。問題是如何知道「對的時間」？首先必須要知道孩子的最大清醒時間。

觀念釐清：最大清醒時間定義

所謂的最大清醒時間就是指孩子睡醒眼睛睜開到第一次眼睛閉上睡覺，由於新生兒於4個月以前，剛入睡的前15分鐘容易驚醒，因此眼睛閉上後很容易又睜開眼睡睡醒醒，這段睡睡醒醒的時間仍然算是睡覺。

如何知道孩子的最大清醒時間？→勤於紀錄

這邊有一些統計數據提供您參考：

0～1個月：45分～1小時

1～1.5個月：1小時10分～1.5小時

1.5～4個月：約1.5小時

4～5個月：1.5～2小時

5～7個月：2～2.5小時

7～8個月：2.5～3小時

8～10個月：3～3.5小時

10個月～1Y：3.5～4小時

註：超過1歲以後較無過累哭問題，孩子如不肯睡覺要朝作息或調整入睡方式下手。

　　最簡單方式就是紀錄何時睡醒何時睡著，不管用什麼方式讓他睡著。很多父母抱怨小孩作息毫無規則可言，請您不管小孩何時吃跟睡都必須確實記錄，再怎麼亂的小孩，等記錄了2～3天之後，也會發現一些規律存在；上述的清醒時間只是一個參考統計值，如果能夠確實紀錄，相信不出3天就能夠確實掌握自己小孩的最大清醒時間，等一旦到了最大清醒時間的前15～20分鐘，就必須開始進行睡眠儀式暗示小孩應該要睡覺了。

觀念釐清：過累要花2倍入睡時間

如果您讓孩子超過了想睡的時間點還沒睡著，那麼孩子已經過累就要花2倍的入睡時間才能睡著。

例如：根據經驗推斷孩子應該9點睡著，結果8：55才放上床，那麼除非孩子是大雄體質可以秒睡，不然一定會拖超過9點睡，正常入睡約15～20分，所以孩子大概要花20～40分睡著，那麼大概9：15～9：40睡著，且通常都需要哄睡才能睡著。

實務上有許多人遇到此情況，的確孩子每段想睡的時間點不盡相同，不會每次都恰好是統計上的最大清醒時間，因此學會判斷孩子想睡的訊號，例如：眼神呆滯、動作遲緩、開始變得躁動等，也是很重要的輔助信號，在想睡的時間點前15～20分鐘送上床，是讓孩子練習自行入睡成功的重要關鍵。

Step3：執行睡眠儀式

睡前10分鐘要靜下來，不要安排刺激活動

不要讓孩子馬上從玩變成睡，睡前幫孩子包好包巾或穿好睡袍後，抱著孩子坐著5分鐘，並保持讓孩子身體直立的姿勢，把他的臉朝向自己，可以擋住視覺上的刺激，記得不要搖晃，因為銜接睡眠理論

會造成孩子之後只認「搖晃」，接著再做睡眠儀式，然後對孩子說：你現在要睡覺了，要睡到____點喔！那個時候我會來看你，睡飽飽吃飽飽才會快快長大喔！

　　所謂的睡眠儀式是利用動作順序，來告訴小孩該睡覺的一連串動作，包含洗澡、拉窗簾、刷牙、讀故事書、關燈、開音樂等等，端看您如何選擇設計，請記得每次都保持固定的動作順序。

觀念釐清1：夜晚長睡眠跟日間小睡睡眠儀式可以稍微不同，但關鍵步驟要一樣，且順序要相同

例如我的小睡儀式：

檢查尿布→刷牙→包巾→關燈→開冷／暖氣→放音樂

夜晚長睡眠儀式：

換尿布→睡前奶→刷牙→換睡衣→包巾→關燈→開冷／暖氣→放音樂

建議您滿6週後到6個月前，應及早建立睡眠儀式可以事半功倍，請勿任意更換順序，因為孩子沒有時間觀念，僅能以您的動作順序來暗示該睡覺了，意思就是說，以上述的範例，不能今天先刷牙再換睡衣，明天先換睡衣再刷牙，每天順序都不一

樣，在孩子尚未學習自行入睡前，此舉無益於幫助孩子建立睡眠儀式。

觀念釐清2：睡眠儀式為什麼沒有用？

首先您要先掌握一個重點：對的時間送上床，所謂的睡眠儀式就是因為孩子不懂「想睡覺就是眼睛閉上」，因此您要先抓準孩子想睡的時間點，接著在他想睡的時間點前15～20分鐘，進行所謂的睡眠儀式，而且每次睡前都做同樣的事情，請不要過早做，不然是沒有效果的，睡前再做；以上敘述就算做對了，如果您不是選擇比較容易建立連結的方式，要大約1周～1個月才會見效。

此外，個人認為睡眠儀式是錦上添花，必須建立在規律作息＋自行入睡都做到之上，用來暗示孩子該睡覺了的動作順序。3歲以前讓孩子睡著仍須靠各種安撫物，因此如果您的孩子仍然沒有大致的規律作息，及符合月齡的自行入睡方式，那麼其實只做睡眠儀式是絕對沒什麼幫助的，尤其是1歲以前睡眠問題跟小睡時數、作息、入睡方式、食量都會環環相扣，很多媽媽常常因為上述原因，已經把孩子的睡眠問題弄得很複雜，卻又片面的想要得到一招半式解決問題，不想去整體了解孩子睡不好的

原因並全面改善，以為做睡眠儀式孩子就會自行入睡，基本上這樣的結果會發現以沒用收場居多。

Step4：選擇適合的入睡方式

可參考本節的〈二、入睡方式說明〉及〈三、各種入睡方式的安撫強度討論〉談到的入睡方式，包含自行入睡及哄睡方式，以孩子月齡能達到的，且您半夜做起來最無負擔的方式最好。

六、論各月齡自行入睡

再次複習：依照睡眠理論3歲以下的小孩，其實並沒有自行入睡的能力，必須要依賴適合的入睡方式才能入睡。

孩子入睡一定要提供適合的入睡方式，可以是：奶嘴、奶、媽媽的奶、拍拍、搖搖、音樂、抱、自己的手指、安撫巾、汽車的搖晃、推車的搖晃等等，超過三個月後請使用安撫強度中度以下安撫方式，月齡越大哄睡強度要逐漸遞減，以及早讓孩子學會自行入睡。什麼都不提供讓孩子哭到睡著，我個人認為是很殘忍的，對一部分氣質敏感的孩子也無效。

最佳培養自行入睡的時機是3～6個月

孩子的入睡方式當然從一而終是最好，可惜若月齡太小（＜3個

月），連手都無法控制，有許多方式是沒辦法運用的，如孩子無法自行入睡，也只能依賴哄睡，不過孩子4個月以內包袱最小，要改入睡方式非常容易。

要培養自行入睡的先決條件一定要規律作息，至少要規律作息一週後才可以練習自行入睡，許多人失敗的原因就是始終不願意規律作息，對於規律作息實際的操作方式不了解或有一些偏見而不願實行，導致始終抓不住孩子想睡的訊號；最佳適合的練習時間，每個孩子的氣質不同，有些孩子是打哈欠之前就要送上床，否則等到哭就過累幾乎無法自行入睡，有些孩子是打哈欠時送上床最適合，如作息始終不固定，孩子每天想睡的時間都在變動，自然無法確切抓住想睡的時間，讓孩子過累或不夠累上床，很容易造成媽媽的挫敗又哄睡收場。

接下來論各月齡的自行入睡方法：

（一）3個月內

自行入睡：算準時間＋最少哭睡

當孩子還小不能吃手指時，如果您沒有提供任何一種方式哄睡，那麼他唯一的方式就是哭到累睡著，一般平均哭20分後就會睡著，再假設您已經確實掌握他的入睡時機，3～7天後會幾乎不哭睡著，這就是百歲法的自行入睡；不過能做到這樣的自行入睡有一定的難度，如無法確實掌握，3個月內可採取適當程度的單一方式哄睡，但切記滿3個月後要逐漸抽離並減少哄睡的安撫強度，建立孩子自行入睡的安撫

法，能越早建立越好。

（二）3～6個月

自行入睡：算準時間＋下列方式擇一

1、吃手指

2、吃蝶型包巾的袖套、吃媽媽的短袖T

如果您此時開始讓孩子練習自行入睡，孩子有原本的哄睡方式，又再假設您已經確實掌握他的入睡時機的話，這時您會發現，用讓孩子哭的方式可能會10～30分鐘不等，再來就是他極有可能會演變成吃手指安撫，如果不想要吃手指，可以使用市面上販售的蝶形包巾，之後有機會可轉為安撫巾；如果要繼續使用奶嘴，僅需注意每次睡覺時都必須顧到剛好閉上眼睛時就必須抽離，這就是不培養哄睡習慣的重點，使用奶嘴的缺點是必須要撿奶嘴直到孩子學會自己去拿奶嘴，通常必須等到8～10個月以後，孩子半夜自己能撿奶嘴來吃到睡著，也算是自行入睡，但此方法到了2歲以後會影響孩子的牙齒發展。

此時您要修改成您希望的入睡方式，例如奶睡想要轉奶嘴睡、抱睡想要轉奶嘴睡，或是奶嘴睡想要轉自行入睡，都是比較容易且恰當的時機。

（三）6個月後

自行入睡：算準時間＋下列方式擇一

1、吃手

2、吃蝶型包巾的袖套、吃媽媽的短袖T

3、安撫巾

4、安撫奶嘴

　　此時入睡方式已很穩定，且如未自行入睡過，若已有哄睡習慣，不建議使用哭泣控制法來讓孩子強行自行入睡，換言之，算準時間＋哭到睡是絕對不可行的，有許多父母會直接以為把哄睡抽離，讓孩子哭到睡，就可以讓孩子學會如同大人般的自行入睡，其實不然，此舉通常會遭到孩子極大的反抗，此時月齡的孩子哭也非常大聲，父母常常無法堅持做法，等了孩子哭1小時以上，受不了又進去哄睡，此舉只是讓孩子學會「我努力哭1小時媽媽就會來哄我了」，下次孩子會更劇烈反抗。

　　如果此時的入睡方式，您實在無法接受也無法負荷，請您先採取下一段移轉入睡方式的做法。

七、移轉入睡方式

　　什麼是移轉入睡方式？就是本來的入睡方式，例如又抱又搖爬樓梯上下，但小孩已經太重無法負擔，或者是在大人身上睡覺、吸媽媽的奶睡覺、半夜狂咬奶頭等等，嚴重影響到大人睡眠，簡單來說，入睡方式您已經無法負擔想更改，就必須移轉為適當可負擔的入睡方式；通常超過6個月以後我不建議使用哭泣控制法讓孩子哭到睡著，除

非月齡小於4個月內沒有包袱，或是環境許可，長輩鄰居以及您可以忍受哭。

上面提到有關銜接睡眠理論，我們可以利用這一點來養成孩子的入睡方式，不論您做任何哄睡動作幫助孩子入睡，只要您做超過孩子所需要的時間，例如孩子已經睡著了，您還繼續哄睡動作，很快就會變成入睡方式，有些孩子甚至您一停止哄睡動作就會醒來。

（一）斷掉哄睡連結：不想要的哄睡動作→快要睡著了就得停

如何做到不讓哄睡變成習慣？其實關鍵點就只有一個，您不想要的哄睡習慣，例如：抱睡等入睡方式，只要做到快睡著了就得馬上停，不要做到超過小孩睡覺需要的時間，如果您不會抓，請不要做到小孩已經閉上眼睛超過5分鐘，否則很快就會形成新的入睡方式。

（二）培養新的連結：A方式移轉到B方式

如暫時無法做到上述斷掉哄睡連結，但目前哄睡方式無法負擔需轉換哄睡方式，可利用上述特性，先做原有哄睡A方式到快睡著時轉換想要的B方式，並做新的入睡B方式直到孩子閉上眼睛5分鐘為止，就是培養新的入睡方式。

例如：本來小孩已經習慣抱抱搖搖才要睡（A方式），想要改成給奶嘴（B方式）：

首先必須假設您已經抓住小孩的入睡時機，先用小孩習慣的A方

式（抱抱搖搖）弄到快睡著，再改成新的B方式（奶嘴），然後只做新的入睡方式，也就是不可以再抱抱搖搖，要放到床上只能給奶嘴，直到孩子熟睡5分鐘為止，這種方式可快速先把不能負擔的哄睡方式移轉成另一個，所以建議您做到孩子熟睡5分鐘前為止，好處是很快就會培養成功。

（三）基本原則

假如您是原本哄睡想改自行入睡，方法如下：

（1）利用斷掉哄睡連結方法將原有方式抽離。

（2）同時利用培養新的連結方式帶入您想要的自行入睡方式。

先做原本孩子習慣的哄睡方式直到快睡著，然後在睡著前不做，讓孩子去適應新的入睡方式，如果孩子不願意接受大哭就重來。

哄睡→快睡著→做新的自行入睡方式→哭就重來

先讓孩子睡的那個時間點是沒有任何你不想要的哄睡動作，哄睡只是培養睡意，要趁孩子有睡意的時候，同時讓孩子在睡著時保持新的入睡方式直到睡著，逐漸減少哄睡的時間與強度，比較容易自行入睡成功。

八、各月齡如何教自行入睡建議

規律作息→自行入睡→戒夜奶

想要真正戒夜奶，必須教孩子自行入睡；想要教孩子自行入睡，

第一章
嬰兒睡眠探討

必須先有規律作息才容易成功，否則沒有規律作息，連孩子想睡的時機點都抓不好，如何讓孩子以最少哭或甚至不哭入睡？

最快6～9週才會穩定作息，穩定作息一週後才能練習自行入睡，因此最快第7週才能練習自行入睡，個人認為最好練習的黃金時機為3～4個月，最晚滿4個月前應盡早多練習，才能真正的戒夜奶，避免4個月後、6個月後的頻繁夜醒。

（一）0～3個月：先哄睡穩定作息

現階段孩子尚不必教自行入睡，尤其是0～7週內的孩子，您可以下列準則盡速找到哄睡方式：

（1）孩子願意接受。

（2）大人目前半夜做也不算困難。

（3）最好可以在小床做。

（4）接近3個月時使用的哄睡入睡方式，時間與強度要逐漸減少，不能有複合的情形

例如：抱＋搖＋走來走去、抱起來＋奶嘴、抱＋搖＋爬樓梯

以上這些都是不妥適的方式，為何不妥？因為複合的情形半夜並不容易做，且換人照顧時也不容易做。

1、以下方式都是不錯的哄睡方式

◆只有拍拍或搖搖，在他的嬰兒椅或床上。

不要在他的嬰兒椅上又拍又搖，理由同上述的（4）、接近3個月

哄睡時間與強度要逐漸減少，不能有複合的情形。

◆只有奶嘴，在他的嬰兒椅或床上。

您在哄睡的時候也可以同時培養一些不錯的自行入睡方式，例如：哄睡時可以同時放音樂或白噪音等。

哄孩子直到睡著5分鐘止，迅速培養他的哄睡習慣，用此哄睡習慣快速穩定作息。滿月以後就不建議讓孩子奶睡，也就是白天不可以再讓孩子吃完睡，都要吃玩睡，夜奶則快快餵、快快睡，盡速吃完睡拍嗝直立，不要陪玩。

讓孩子習慣奶嘴的小祕訣：利用反向心理學

有些媽媽常常說自己的孩子不吸奶嘴，可以利用反向心理學讓孩子習慣奶嘴，首先挑選與自己奶頭或慣用的奶瓶相似的奶嘴，接著在哺乳快結束時孩子仍在吸時放入，再輕輕的拉出，孩子反而會去吸。

另外，有些孩子在大哭的時候會無法冷靜，如果沒有吸奶嘴的習慣，孩子通常會不願意吸，不仿先利用原本的方式，例如抱起來拍拍讓孩子冷靜一下，不哭之後再放回床上塞奶嘴，通常比較能接受。

2、已經養成不恰當的複合方式者

請先只留下單一的哄睡方式，不要複合。例如：抱起來＋走來走去：不哭後就只剩下抱，不要再走了，哭了5分鐘以上才能再加上走來走去，不哭後大人就要坐下。

或許您聽過5S法，分述如下：

（1）swadding（包巾）

因為孩子出生後與子宮的環境差異很大，用包巾讓4個月以內的孩子以為自己被包緊緊在子宮內。一般來說醫院都會教怎麼用傳統的大毛巾包巾，如果不會也可以利用網路上販售的懶人包巾，有許多媽媽都會說，孩子還沒滿月或是滿月就不給包了，又說自己的孩子很難睡只能抱睡奶睡等等，說實話這是有點可惜，因為孩子在還小時，並不認識自己的身體，任何自己身體上的晃動反而容易造成嚇到自己，而影響到睡眠，因此把孩子的手及肚子包覆住才是有助於幫助睡眠，如果真的不給包可以試試設計過的蝶形包巾。另外有些人不肯用，可能是有疑慮覺得包覆對於孩子的生理發展有影響，除了睡覺以外，其他的時間就不必再用包巾包覆了。

（2）side（側躺）

將孩子抱著並側躺，理由同（1），有些派系主張讓孩子趴睡也是同道理，但個人極不推薦此方式，雖然哄睡的強度很高，但實在太危險，趴睡側睡都不比仰睡安全，有極高的嬰兒猝死症發生機率，此外

抱睡很不好改，父母又太累必須一直抱著，都是我不推崇的原因。

（3）shushing（噓聲、白噪音）

發出噓噓聲跟白噪音都是非常好的安撫方式。

（4）swinging（搖晃）

這裡指的是放在嬰兒床上的搖晃，目前有許多安撫椅跟嬰兒小床都有做搖床的設計，在初期3個月內，是一個非常容易讓孩子睡著的方式，孩子坐車容易睡著也是同樣的道理。如果在前3個月，讓孩子在嬰兒床上只有「搖」就可讓孩子睡著，是一個很不錯的方式，也很好改，但這方式不可以一直使用，因為當孩子1歲以後搖床非常危險，許多嬰兒椅及小床也早就不敷使用，因此最慢滿3個月時，就必須讓孩子到真正安全的嬰兒床睡。另外再次提醒，有許多人喜歡斷章取義覺得搖讓孩子很好睡，所以就逕自望文生義，以為這項是指邊走邊抱邊搖，這樣的安撫強度很高，孩子當然很好睡，但是這樣是複合的方式，屬於不恰當的哄睡法。

（5）sucking（吸）

原始的吸是非常強烈的哄睡法，包含吸奶嘴或吸媽媽的奶頭，其中吸媽媽的奶頭就是奶睡，奶睡建議您滿月之後就不可以有的哄睡方式，因為到了後期非常難改且會有很不好的後果，例如：4～6個月後的頻繁夜醒、1歲以後還在奶睡要小心蛀牙等。至於吸奶嘴還不算是一個太差的方式，到了8～10個月孩子會撿奶嘴後，也算是自行入睡，不

過到了2歲前必須改掉，否則會影響牙齒生長。

個人建議的方式還是利用包巾、白噪音，關燈讓孩子睡在自己專屬的小床上，如果還是很不好睡，可以如同上述的建議：

◆只有拍拍或搖搖，在他的嬰兒椅或床上

◆只有奶嘴，在他的嬰兒椅或床上。

（二）3～6個月：哄睡→自行入睡

Step1：規律作息

作息還沒穩定者，可先利用哄睡穩定作息，等作息穩定一周後再練習自行入睡。

觀念釐清：為什麼一定要先規律作息，不能直接練習自行入睡嗎？

儘管一再強調一定要先規律作息一週穩定後，才能練習自行入睡，但總有許多媽媽或許是不明白其原理，或是急就章，或是受一些其他網路謠言影響，總是忽略規律作息就想要練習自行入睡，這樣不是不行而是挫折感會很大！規律作息的原因是為了要確實掌握孩子的入睡時間點，道理很簡單，請回想您是否有經驗，每天因為上班上課固定時間起床及睡覺，幾天以後到

那個時間就會自動想睡及起床，這是人類的生理機制，如想為孩子解決睡眠問題，就要思考利用這個生理機制，有助於抓到孩子的入睡時間點。

筆者常看到網路上有某位媽媽抱怨他用了我分享的所有方法還是失敗，卻常看到他在別人規律作息的發問下留言孩子又不是軍人還是狗，他家的孩子每天作息都相差2小時以上，試想您是孩子，今天10點睡，明天12點睡，成人都尚且須一段時間習慣作息了，更何況是小孩，每天抓不到想睡的時間，總是拖過孩子想睡的時機，搞得必須又奶睡收場，會失敗也是自然不難理解了。

如果您覺得孩子規律作息很可憐，又想解決睡眠問題，這是無解的！因為目前筆者所看過的所有專業論述睡眠的書籍，無一不提到要「先有規律作息」，更何況孩子非常喜歡規律性，規律作息讓孩子可以預測您的動作，更有益於安全感與親子間的互信建立，千萬不要因為一些網路上沒有根據的說法，例如「孩子又不是軍人還是狗好可憐」之類的論述，不肯實施規律作息而犧牲了孩子的睡眠。

Step2：提供固定的睡眠環境，減少眼神交流

孩子在3個月內，因為眼睛尚未發展完全，僅能看到視線60cm內的物體，尚可以在光線充足的地方睡著。3個月後，褪黑激素也開始產生，所有小睡長睡眠都應該在陰暗、沒有特別的吵雜聲、固定自己的小床上睡覺。

孩子3個月後，眼界突然大開，會非常好奇周遭的事物，假如睡著時沒有擋著他的視線，或是光線可以看到物品，會因為好奇貪玩而睡不著，也有許多照顧者說孩子會眼睛睜得大大的看著自己，明明最大清醒時間到了卻睡不著。

當然這不是叫您要拿著眼罩遮孩子的眼睛，這對尚無法自救的孩子來說，是非常危險的，安全的方式是保持全黑的房間睡覺，減少眼神交流，建議大人應在嬰兒小床旁弄個大床，大床可以稍微低於嬰兒床高度，大人平躺在大床上，以免部分孩子看得到大人更睡不著，哄睡在大床上伸手過去做，成功機率較高，當然您可以將小床與大床拉得很近以方便操作。

另外有一部分的照顧者，已經習慣3個月內可以推車推著睡到處趴趴走，忽略孩子本身需要固定黑暗的睡眠環境，希望孩子還是可以像3個月內一樣，汽座、推車、百貨公司、餐廳等到處睡，這樣對於孩子來說是非常辛苦的事情，正如同請您在速食店小睡一樣難以入眠。大部分的小孩都很認床，非常喜歡固定環境。更何況對於部分的孩子，

歡迎加入
寶寶睡好覺

是連氣味、聲音都很敏感，根本連適應環境都很辛苦。因此在固定的房間，使用固定的床墊、小床，提供固定的環境，是在進行睡眠練習時，很重要的關鍵成功因素之一。

在小睡、長睡眠前半夜，大人尚需活動會產生噪音時，可以撥放輕柔的音樂或是固定的水晶音樂兒歌或是白噪音，可以減少被突發噪音吵醒的機率。

觀念釐清：我的孩子害怕嬰兒床

有些照顧者會說：我的孩子好像放到嬰兒床就哭、我的孩子不肯睡嬰兒床，對於小於3個月的嬰兒來說，常會有胃食道逆流問題，要孩子平躺睡嬰兒床是很辛苦的事情，但滿3個月以後，嬰兒的腸胃道已經發展較完全，因此可以讓孩子開始睡正規安全的嬰兒床。

到了4～6個月以上，仍從未接觸嬰兒床的孩子，貿然就想要孩子自己在小床上睡，這對於習慣媽媽的身上、媽媽的胸脯是「床」的孩子，是全新陌生的環境，當然會有極大的抗議，因此必須在白天清醒時，「介紹」小床給孩子，陪孩子在上面玩，當然睡覺時必須把玩具拿走，先習慣不排斥小床3天後，再練習小床上睡。

Step3：決定好對策，小睡入睡、半小時後醒、長睡眠入睡、夜醒都用一樣的方式回應

觀念釐清：不要2套標準，變來變去，容易變成間歇性強化。決定一個方法後，小睡、長睡眠、半夜醒都要一樣的回應

很多媽媽很喜歡今天網路上看一招，實驗了1、2次或甚至才實驗1分鐘就說沒有效，馬上再試另一招，教養完全沒有自己的中心思想，今天一套明天另一套，搞得孩子適應的疲於奔命，當然最後所有的方法都是落於無效的下場，還會說：我試了所有的方法都沒有效。

另外還有一種媽媽，白天做得非常好，小睡也很不錯，晚上卻只要聽到哭聲就塞奶，可能自己也迷迷糊糊，或是因為環境問題，沒有與白天相同標準，這樣就會形成2套標準，白天孩子學會要自行入睡，但是晚上只要哭，媽媽就會給奶。

這2種媽媽都會造成孩子無所適從，難以適應不一致的教養，不一致的教養常常造成間歇性強化，亦即孩子搞不清楚照顧者現在會以什麼樣的方式回應他，現在是會給他喝奶呢？還是不會呢？總之只好拼命哭鬧討討看，因此孩子每次遇到同樣的情形

就會更拼命哭鬧。相反的，預先想好對策，每次回應都一樣，孩子很快就學會，也不容易哭鬧討「例外」。

這樣間歇性強化，在所有的教養領域都是通用的，教養上最怕例外頻繁的無規則教養，不一致的教養，是造成孩子拼命哭鬧不易安撫的原因，更是破壞雙方的信任與造成孩子的不安全感。

版本一：較溫和的方式

適合：有耐心、願意花時間的照顧者，較為溫和但所需時間較長。

先培養合適的哄睡方式之後，

（1）利用斷掉哄睡連結方法將原有方式抽離。

（2）同時利用培養新的連結方式帶入您想要的自行入睡方式。

等您使用能接受的哄睡方式穩定3天以上後，再利用這個哄睡方式練習自行入睡。現階段有許多媽媽仍然喜歡以強度很高的哄睡方式哄睡，例如：奶睡、抱睡、趴在大人身上睡覺，複合式的：如抱著走來走去、爬樓梯，這種不是在小床上可以做的方式，個人建議至少要改成可以在小床做的，否則到了4～6個月以後，不恰當的睡眠連結會造成不斷夜醒。

範例：

（1）利用斷掉哄睡連結方法將原有方式抽離：

◆奶睡→改奶嘴

先奶睡到孩子有睡意，然後把奶嘴塞到孩子的嘴巴，再輕輕放到小床上，讓孩子吃到睡著5分鐘止。

◆抱睡→改奶嘴

先抱著，感覺孩子有睡意輕輕放到床上，再給奶嘴，注意不可以讓孩子睡著的時候同時又有奶嘴吸又抱著，這樣是培養複合的方式（奶嘴＋抱），讓孩子睡著時是吃著奶嘴睡著5分鐘止。

◆奶睡→改拍拍小床睡

先奶睡到孩子有睡意，然後再輕輕放到小床上，輕輕的拍孩子的大腿或胸口，直到孩子睡著5分鐘止。

◆抱睡→改拍拍小床睡

先抱著到孩子有睡意，然後再輕輕放到小床上，輕輕的拍孩子的大腿或胸口，直到孩子睡著5分鐘止。

等孩子習慣奶嘴或習慣在小床拍拍睡之後，再利用這個哄睡方式練習自行入睡：先哄睡做到孩子快睡著（做到眼睛閉上為止），例如：拍拍、吸奶嘴。前述方式搭配提供不需大人介入的安撫方式，例如：包巾、白噪音、音樂、吃手。

（2）同時利用培養新的連結方式帶入您想要的自行入睡方式。

接著我們再利用合適的哄睡方式，讓孩子練習自行入睡，舉例如下：

◆奶嘴→自行入睡

先利用奶嘴讓孩子吸到快睡著時一定要抽出，同時在睡眠儀式時就放音樂、白噪音，包好蝶型包巾，等待孩子去吸蝶形包巾袖子或吸手指睡著。

◆拍拍→自行入睡

先利用拍拍讓孩子快睡著時不拍，同時在睡眠儀式時就放音樂、白噪音，有蝶型包巾者可包好蝶形包巾，等待孩子去吸蝶形包巾袖子或吸手指睡著。

您一定會有疑問為何我的建議是先培養奶嘴或拍拍哄睡，而不直接從奶睡或抱睡到自行入睡？

最主要奶睡、抱睡、還有許多複合的哄睡方式，如：抱起來走來走去、抱起來搖，都是離開孩子小床的哄睡方式，而我們最終的結果是要讓孩子能睡在自己的小床上，並且能夠自我安撫到睡著，直接從不是在小床的方式，到要求孩子必須在小床且自行安撫入睡，難度通常比較高，最後常會演變成哭泣控制法讓孩子哭到睡，對於許多一開始會選擇抱睡或奶睡的媽媽來說，基本上會捨不得而又去抱睡或奶睡，這樣一來孩子反而因為媽媽的態度搖擺，容易學習不信任感，更加深孩子對於小床的恐懼感跟依賴哄睡。

比較容易的做法是建議您先培養可以在小床做的哄睡方式，先讓孩子習慣睡床，等習慣了一週後再利用這個哄睡方式培養孩子自行入睡，循序漸進較無痛也比較容易實施，缺點是會花比較久的時間，通常要花上14～30天的時間。

版本二：較快速的方式

適合：希望快速有效、可接受孩子哭一段時間、無法堅定執行策略者。

如果您的個性是會覺得看孩子哭很可憐，或是看了這些還是有點迷惘，不知道該怎麼做的，或是想要急於解決的，當然也是可以選擇直接就改拍拍摸摸的方式，這樣的方式很快，但是改的期間，孩子會抗議的很兇，哭得很大聲。

所有的奶睡、抱睡→直接改拍拍摸摸小床睡：

執行完睡眠儀式後，道晚安或午安，放在小床上，哭的時候就摸摸或拍拍他，摸拍的部位（胸口、大腿、屁股）、力道（溫柔、有點力道有節奏像是有點搖晃），都是因孩子個體差異不同需要努力研究的地方。

這麼做的用意是：「爸爸媽媽會陪你，不會讓你一個人哭到睡。」

真的大哭不止的時候，超過4個月以後，可以抱起來稍微拍拍，不哭了就要放下，即使放下後又大哭，也要先檢查無其他原因，等5分鐘，摸摸拍拍都無用，才能再抱起來，不要一直抱著，這樣就是抱睡。

觀念釐清：未滿4個月不可用抱起放下法，超過8個月以上也不建議抱起

　　未滿4個月因為頻繁的抱起放下法，會讓本來就腸胃尚未發展完全的孩子，容易胃食道逆流更加不舒服，超過8個月頻繁抱起，則反而會因大動作干擾孩子更不容易睡著。

　　實際上個人覺得頻繁抱起放下是一件很辛苦的事情，因此大多數會建議採取摸摸拍拍的方式安撫即可，真的沒辦法才能抱起來，不哭就要馬上放下。

　　另外，在約4～6個月時，很容易遇到孩子要翻身造成睡眠不穩定。

（三）6個月以上

首先建議您檢視自己是否在3～6個月做了錯誤的教養方式，先建立正確觀念。

Step1：規律作息

用原有哄睡方式穩定作息一週，重點為固定睡覺的時間點，安排作息要符合孩子月齡。

觀念釐清：規律作息的重點：固定小睡、長睡眠的起床及睡覺時間

再次提醒您，自行入睡能否成功一個非常重要的關鍵，就是必須要有合理的規律作息。或許您在孩子月齡很小時，嘗試過規律作息而不明白其要領而覺得太困難收場，然而6個月以後要規律作息卻非常簡單。

6個月以後的規律作息重點就是放在固定小睡、長睡眠的起床及睡覺時間，這些時間當然要符合孩子的月齡發展，不能明明孩子不需要那麼長的睡眠了，卻讓他白天小睡太多，或是孩子明明無法醒那麼長的時間，卻要求孩子要跟成人作息相同，換句話說，不可拿1歲的作息套在8個月身上，常見的錯誤就是有許

多媽媽上網發問作息，卻得到一些可能記憶不清的錯誤回應，讓孩子醒太長過累。

就筆者目前看過的所有專業論述睡眠的書籍，都建議要解決睡眠問題，必須「先有規律作息」，更何況孩子非常喜歡規律性，規律作息讓孩子可以預測您的動作，更有益於安全感與親子間的互信建立，千萬不要因為一些網路上沒有根據的說法，不肯實施規律作息想直接改奶睡、改抱睡，這樣當然是容易以失敗收場，也打壞了雙方的親子互信關係。

Step2：提供固定的睡眠環境，減少眼神交流

孩子在3個月內，因為眼睛尚未發展完全，僅能看到視線60cm內的物體，尚可以在光線充足的地方睡著。3個月後，褪黑激素也開始產生，所有小睡長睡眠都應該在陰暗、沒有特別的吵雜聲、固定自己的小床上睡覺。

孩子3個月後，眼界突然大開，會非常好奇周遭的事物，假如睡著時沒有擋著他的視線，或是光線可以看到物品，會因為好奇貪玩而睡不著，也有許多照顧者說孩子會眼睛睜得大大的看著自己，明明最大清醒時間到了卻睡不著。

當然這不是叫您要拿著眼罩遮孩子的眼睛，這對尚無法自救的孩子來說，是非常危險的，安全的方式是保持全黑的房間睡覺，減少眼神交流，建議大人應在嬰兒小床旁弄個大床，大床可以稍微低於嬰兒床高度，大人平躺在大床上，以免部分孩子看得到大人更睡不著，哄睡在大床上伸手過去做，成功機率較高，當然您可以將小床與大床拉得很近以方便操作。

另外有一部分的照顧者，已經習慣3個月內可以推車推著睡到處趴趴走，忽略孩子本身需要固定黑暗的睡眠環境，希望孩子還是可以像3個月內一樣，汽座、推車、百貨公司、餐廳等到處睡，這樣對於孩子來說是非常辛苦的事情，正如同請您在速食店小睡一樣難以入眠。大部分的小孩都很認床，非常喜歡固定環境。更何況對於部分的孩子，是連氣味、聲音都很敏感，根本連適應環境都很辛苦。因此在固定的房間，使用固定的床墊、小床，提供固定的環境，是在進行睡眠練習時，很重要的關鍵成功因素之一。

在小睡、長睡眠前半夜，大人尚需活動會產生噪音時，可以撥放輕柔的音樂或是固定的水晶音樂兒歌或是白噪音，可以減少被突發噪音吵醒的機率。

Step3：練習自行入睡

（1）利用斷掉哄睡連結方法將原有方式抽離。

（2）同時利用培養新的連結方式帶入您想要的自行入睡方式。

1、範例

◆奶睡→改自行入睡

餵奶時讓孩子拿著安撫巾，要確定孩子與您之間有安撫巾，讓孩子拿著安撫巾直到睡著，或睡著時身上是有著安撫巾的，不過請注意不要蓋住口鼻，此階段為培養孩子習慣這條安撫巾。

睡前儀式就給安撫巾，先奶睡到孩子有睡意，接著抽離奶，試著等待10分鐘左右，看看孩子是否能自己吃安撫巾。如果大哭超過15分鐘，請再抱起來哄一下，拍拍安撫，孩子一不哭就要放回床上。

安撫巾容易成功的祕訣：有您的氣味會更容易成功，在給孩子之前放在您的身上1天。平常白天清醒的時候就可以介紹安撫巾給孩子認識，例如：這條安撫巾是小乖，小乖會陪妹妹睡覺喔。讓孩子白天清醒時把玩。

另在這邊提供一個給親餵奶睡不含奶頭睡著的小訣竅：奶睡到快睡著時，用手指輕按孩子的下巴，直到孩子睡著為止。

◆抱睡→改自行入睡

抱睡時讓孩子拿著安撫巾，要確定孩子與你之間有安撫巾，讓孩子拿著安撫巾直到睡著，或睡著時身上是有著安撫巾的，不過請注意不要蓋住口鼻，此階段為培養孩子習慣這條安撫巾。

入睡儀式後先抱著2分鐘讓孩子拿著安撫巾，接著放到小床上，試著等待10分鐘左右，看看孩子是否能自己拿安撫巾。如果大哭超過15

分鐘，請再抱起來哄一下，拍拍安撫，孩子一不哭就要放回床上。

　　整體步驟原理就是先讓孩子熟悉安撫巾，再把原有哄睡抽離。安撫巾等安撫物就是最適合讓8個月以上的孩子能自行入睡的方式（6～8個月內仍需留意安撫巾安全性），完全不提供直接把哄睡方式抽離非常不恰當，然而太躁進一方面丟一條對孩子來說是新東西的安撫巾，又同時抽離哄睡方式，的確會讓孩子不明就裡沒有安全感，因此先花3～7天讓孩子習慣睡覺時有安撫巾，仍維持舊方式，等孩子習慣後再把哄睡抽離，讓孩子真正習慣自行入睡，較容易成功。

　　2、要做至少一週以上才有效

　　一旦選定了入睡方式，並不會馬上有效，也要孩子能接受，在進行移轉入睡方式時，要給孩子與自己至少一週的時間才有用。

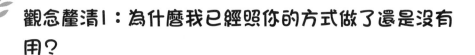

觀念釐清1：為什麼我已經照你的方式做了還是沒有用？

如果您的孩子已經奶睡很久了，6個月以上您會發現非常難改，而且有些孩子會半夜經常起床找媽媽的奶，要改會得到孩子強烈的抗議，基本上您已經用了很長的時間，也就是6個月以上累積他靠奶入睡的習慣，要短期間內，1～2天就改成自行入睡，

您覺得可能嗎？

甚至有些才做「1次2次」就說方法沒有用，您知道教孩子一件事情要有教100次以上的耐心跟決心嗎？未來在教養的路上，孩子還會有更多您教他規矩了，但卻不斷挑戰您的底線，需要您耳提面命的時候，更何況是教孩子睡覺呢？

另一種狀況則是一成功就想馬上解決下一個問題，例如：有些媽媽好不容易把奶睡改成可以在嬰兒床上拍拍睡，成功沒有2天又想要改成自行入睡，當入睡方式移轉後需持續至少做到穩定滿一週，而自行入睡至少需要長達1～2週的練習定型才行，因此哄睡移轉後馬上練習自行入睡要成功難度較高，須循序漸進穩定後再做，否則就認定方法沒有效即太過急躁。

觀念釐清2：我如何知道我的孩子可以自行入睡？已經大致沒有問題？

如果您的孩子能夠在半夜醒來，自己靠安撫物再睡回去，不需要您睡眼惺忪的介入，一週以上，原則上就算是穩定了。

3、同房不同床、1歲以後可不同房

研究統計，孩子獨立睡在自己的嬰兒床，相較於和父母共眠在同一大床的孩子，平均總睡眠時數較多，也因不互相影響，睡眠品質較好，時數也較長。但在孩子1歲以內，為了避免嬰兒猝死症，應同房不同床；超過1歲以後，可以同房不同床，或不同房。

孩子3個月內非常容易前15分鐘醒來，直到等寶寶熟睡後才離開，孩子在前3個月內視力不好，可以在同一房間內躲在角落，基本上是看不到的。如孩子已大於6個月，基本上都有能力找到父母，請勿眼神交流讓孩子誤以為要玩。

觀念釐清：不同房好可憐？孩子就是要跟父母睡一張大床才有安全感？

網路上常說：「那麼小就要睡在自己的床上好可憐，這麼早訓練獨立幹嘛？這麼小就需要獨立那叫他出去工作好了。」為了這種似是而非的論點，很多父母會陪著孩子睡在同一張大床直到孩子很大。事實上這種似是而非的言論，才是讓孩子睡不好的元凶。

根據統計研究，獨立睡在自己的嬰兒床上仰睡，在月齡小時可以預防嬰兒猝死症，一起同床反而非常危險，大人一旦熟睡很有可能壓到孩子，棉被枕頭以及柔軟的床墊也對孩子非常危險造成窒息；月齡大時，獨立睡嬰兒床的孩子，也比同齡和大人一起睡的孩子，平均總睡眠時數較多，因大人小孩睡著翻來翻去不會互相影響，平均都會睡得較好。讓孩子睡在自己的嬰兒床上，和獨立及安全感沒有關係，您是要為了這種似是而非的言論，讓孩子睡不好，還是願意接受事實、研究及醫院衛教，讓孩子獨立睡在嬰兒床上呢？

若1歲後您捨不得分房，可以繼續保持同房不同床，但除非您與孩子雙方都是屬於睡著了就不會動的，否則不建議您與孩子同床。

小祕訣：購買監視器

強烈建議您購買監視器，安裝在可以看到嬰兒床的安全處，掉下來不會砸到床的地方，這樣孩子熟睡時，您可以離開去做家事等等，非常方便，有些監視器還可以放催眠曲、結合手機APP等，相當便利。

第四節　衝接睡眠

　　常常看到媽媽說：「整段都要抱著睡、媽媽手好痠都不能放下，一放下就醒。」「要一直塞奶嘴都不能休息。」「孩子很淺眠一下子就醒，睡覺只願意睡半個小時快充就起床了。」以上這些現象都是因為大人不了解孩子的睡眠理論，不清楚孩子的睡眠生理現象。

　　上一節我們已經討論完如何協助孩子練習自行入睡，這一節探討如何利用衝接睡眠理論，在初期孩子月齡小尚不能完全自行入睡時，您仍可在孩子每段睡眠週期中，有10～20分鐘的休息時間，可以拿來做家事、洗澡、吃飯等；也利用這個方法，當孩子學會順利衝接睡眠，不要只睡半小時，除可以延續睡眠每段小睡1～2小時睡得更穩外，大人也因此可以獲得更多的休息時間。

一、原則

　　孩子在睡覺時，每次只要他哭醒，都必須要先巡查排除以下狀況：

◆尿布有無大便→換尿布
◆有些孩子較敏感尿布太濕也會鬧→換尿布

◆摸孩子的頸背確認無太冷太熱→太冷加衣服、太熱開冷氣

◆沒有蚊蟲咬傷、感冒、鼻塞、腸絞痛等其他身體不適→請排除身體不適

◆放鞭炮樓上很吵等各種突然的聲響→請直接安撫

◆腸絞痛、黃昏哭鬧（好發於2～3個月）→極力安撫，等過了3個月後大多會逐漸好轉

　　只要沒有這些問題，您就可以大膽假設他就是要銜接睡眠在哭，要徹底解決的方式只有儘速讓孩子學會銜接睡眠。到這邊，您一定有疑問，為什麼沒有肚子餓這個選項，這就是實施固定餵奶間隔與吃玩睡作息的主要目的，以下為整理歸納幾個規則：

1、小睡：一般而言您導入吃玩睡理論，讓孩子清醒的把奶喝夠，就可以確認，滿月後的小孩在吃完奶2～3小時內不會肚子餓。

2、大睡（長睡眠可連續不喝奶的最快達成月齡，請注意勿讓月齡過小的寶寶太久不喝奶）：

（1）未滿月：有需要就可以餵，為避免低血糖造成危險，至少一定要在4小時叫起來喝奶。

（2）滿月後～6週：可睡4小時不喝奶，超過就可以餵。

（3）6週～2個月：隨著月齡增加可漸漸睡4～6小時不喝奶，超過就可以餵。如規律作息已建立並穩定，滿2個月通常可6小時不喝奶。

（4）2～4個月：隨著月齡增加可漸漸睡6～10小時不喝奶，超過就可以餵。要達到10小時一覺睡到天亮者，如規律作息做得好，通常約4個月可達成。

（5）4個月～：隨著月齡增加可漸漸睡10～12小時不喝奶，如做不到而頻繁夜奶，多與無法自行入睡及銜接睡眠有關，要達到12小時一覺睡到天亮者，約6個月可達成。

觀念釐清：我的孩子沒達到上述的數字?!

以上所謂夜晚大睡不喝奶的時間，為「最快達成時間」，如上述2～4個月可以睡6～10小時不喝奶，亦即滿2個月前做不到連續6～10小時不喝奶，您讓孩子未滿2個月連續10小時不喝奶是不可能辦到的，熱量需要的夜奶請不要猶豫了，快快餵快快睡，才是對大人小孩都好的方法，假設您的孩子無法做到，也不應勉強孩子。

長睡眠就算沒夜奶，也很容易遇到「**寶寶五點容易醒**」這個現象。

二、培養哄睡習慣的建議（＜3個月）

在孩子月齡很小不會自行入睡時，特別是建議您3個月內，都可以使用此方式先讓孩子習慣睡覺時間及連續睡眠。

以下就時間點做法及說明：

1、入睡前：寶寶平均入睡需20分鐘，入睡前做哄睡動作。

2、閉眼後：持續作哄睡動作。閉眼入睡10～15分鐘後，會轉成深睡模式，再接下來的15～20分內不需做任何動作，抱睡者可輕輕放下。

3、銜接睡眠時間點前3分等待：從閉眼後開始算平均30分後會清醒，在快到30分鐘的前3分鐘（第27分鐘）回到孩子身邊等待，孩子一有動靜或睜眼就哄睡，並回到2的方法。

註：上述入睡時間20分鐘與閉眼後30分鐘清醒為理論平均值，寶寶個別狀況可能稍有不同，可視個別實際時間操作上述作法。

三、銜接睡眠：開始練習自行入睡的建議（>3個月）

月齡很小（＜3個月）要不靠任何哄睡習得自行入睡難度較高，若孩子已有原本的哄睡習慣，再練習自行入睡會比較容易成功，但如未有哄睡習慣（滿3個月時）也仍可試試直接練習自行入睡，把握時機點，在入睡點前的15～20分放到床上，燈光關掉安靜等待，如孩子無法自行平靜再安撫，而哄睡安撫最多到閉眼後5分鐘就停止。

在這邊常遇到一個問題，有許多人諮詢，如果孩子在學習銜接睡眠時，很久都不睡覺也不哭，應如何處理，一般而言，孩子入睡需要20分鐘，您可以設立一個停損時間，例如等待30～60分鐘，還無法自行入睡，可介入處理用哄睡方式營造睡意，不過一般而言，建議此法用在小睡期間，長睡眠時則建議您以裝睡方式等待1～2小時，看孩子是否能自行睡回去，如孩子大哭則先排除其他需求後，再視家庭環境是否能接受哭鬧決定是否要哄睡或是讓孩子練習自行入睡，唯獨切勿半夜起床陪孩子玩，必須讓孩子知道半夜就是睡覺時間。

第五節　安全的嬰兒床

　　懷孕時其中一個很大的煩惱，就是不知道如何挑選嬰兒床，在賣場銷售人員講的好像都很有道理，床、棉被、枕頭、床圍、音樂鈴等都好像需要，全部購入則很傷荷包，但有經驗的都說別買太多，因為到時候可能一個都用不到，甚至還有人說嬰兒床買來變成置物架，根本不必買，到底要怎麼樣才能挑選一個真的會用到、不會浪費的嬰兒床呢？

　　俗話說「千金難買早知道」，以下就各月齡嬰兒睡眠會遇到的狀況，分析挑選的準則：

一、新生兒～6個月

　　這階段的新生兒沒有任何自救的能力，挑選準則首重「安全」，不得有任何會造成窒息或猝死的危險，安全的嬰兒床應有：

1、柵欄間隔小於6cm：太大頭手可能會卡住。

2、不要有鐵等金屬：鐵製的軌道或可折疊的機關有夾傷的風險，
　　也可能會造成割傷。

3、床墊不可太軟：可能會造成頭陷入窒息死亡。

4、不需要枕頭、棉被、填充玩具、玩偶：會造成窒息死亡。

5、床單要舖好平整，不會被寶寶拉鬆：有皺褶或不平整就跟棉被一樣，有窒息危險。

6、床墊透氣、勿舖保潔墊等塑膠墊：新生兒散熱系統不佳，請勿讓新生兒睡在太熱的環境中，太熱亦會造成嬰兒猝死症。

7、嬰兒床上方不要掛東西：音樂鈴等玩具沒綁好會掉下來砸傷寶寶。

8、不要出現繩子與綁帶：在嬰兒身上用線綁奶嘴、用繩子綁玩具等，可能會纏繞造成窒息。

9、床圍如果有需要，請打死結避免掉落，並確保能環繞整個床緣，能在多處固定，綁緊並剪掉過長的帶子。

10、床墊與嬰兒床間的空隙不可以手指插入超過2指以上：陷入空隙中有窒息危險。

11、選用固定式側欄，勿用下拉式側欄：下拉式側欄已有造成嬰兒死亡案例，在國外已逐漸禁用，選擇四周均為固定式的側欄較為安全。

觀念釐清：此時可能會面臨到的問題

◆長輩說顧頭型很重要，所以要買顧頭型專用枕頭（Ｘ）：枕頭尤其是顧頭型的Ｕ型枕頭最有窒息可能，沒有什麼比生命重要。

◆長輩說顧頭型很重要，所以要趴睡（Ｘ）：雖嬰兒猝死症原因有很多種，不都源自於趴睡，避免趴睡雖不能百分百保證嬰兒猝死症不會發生，但在醫學上已經有許多研究證實，趴睡的嬰兒比較容易發生嬰兒猝死症，且趴睡會猝死並非完全是因為窒息，所以執著於安全的鋪床法是沒有意義的，趴睡就是危險，跟鋪床方式沒有關係。

◆百歲法說趴睡可以幫助孩子睡得好（Ｘ）：理由同2，趴睡就等於把孩子置於猝死危險中。

◆親餵的媽媽說一起睡大床就好了，嬰兒床抱來抱去太辛苦，一下就放棄了，一起躺餵最舒服：首先，您必須要認清上面提到的嬰兒床安全準則，違反安全準則就是把孩子置於危險中，一般成人用的大床有枕頭、棉被，甚至有人睡軟床墊、水床等，容易下陷的床墊材質非常危險，您當然也可以因此讓自己跟小孩一起不用枕頭、棉被，甚至睡地板鋪地墊，但大人可能也因此睡得不好，這也就是為什麼所有的醫院衛教仍建議同房不同床，媽媽辛苦一點，才能兼顧寶寶安全與親餵；如真的無

法負荷，可以考慮在前6個月頻繁餵奶期間，準備一個可以確實固定的床邊床，如因方便媽媽哺乳需拆掉嬰兒床隔板，則需注意安全，重點是大床與小床中間不得有任何空隙。

◆翻身一直醒，孩子睡不好，聽說用抱枕棉被卡住會睡比較好（X）：會翻身時更要注意「床鋪要淨空」，因為此時孩子還不太能自救，非常容易造成窒息危險。

二、6個月～1歲

　　嬰兒的睡眠習慣會在此時定型，通常會「認床」，也就是認睡眠的環境及儀式，要改變孩子會非常抗拒，這也就是有許多親餵或因為哄睡習慣造成孩子不睡小床的父母，因而建議根本不必買床的原因，但其實只要您在前6個月多留心依照嬰兒睡眠理論培養孩子的良好睡眠儀式及習慣，您在此時會感受到孩子睡嬰兒床的好處，否則遇到下列問題，例如：

　　1、大約7個月時，您會面臨到孩子分離焦慮須陪孩子一起睡。

　　2、孩子會翻身、會坐、會爬、會站，半夜起來玩不睡覺等。

　　如因不了解嬰兒睡眠，前期採取一些不規則養育方式、不適當的哄睡方法，像是：奶睡、搖床、跟大人睡同一張床；尤其讓孩子在非嬰兒床睡者，此時孩子會在房內移動非常危險，要貿然改變也會弄得

歡迎加入
寶寶睡好覺

自己睡眼惺忪、崩潰求助，孩子也因長期睡眠品質不佳，長得不好情緒不穩定；相信讓孩子安全長大是所有爸媽的心願，因此應該一開始就選擇可以調整高度的嬰兒床，隨著嬰兒成長把床板高度放下，培養孩子睡嬰兒床的習慣。

三、1歲～1歲半

此時您可能會遇到有些孩子會搖床，因此不建議您買有滑輪不可拆或搖床設計的嬰兒床，因為會有翻覆危險；某些孩子可能會有站起來撞頭行為，因此建議您在挑選嬰兒床時，應注意床柱是否太尖銳可能造成受傷。

四、1歲半以後

睡嬰兒床習慣者將面臨轉換成大床，何時為轉換時機：

1、孩子可自行爬出嬰兒床，您應輔導孩子轉換成更大的嬰兒床，在轉換期應將房內鋪好地墊，並將危險的家具及家電清空。

2、孩子身材已睡不下嬰兒床了，此時您才需要考慮成長床，有些嬰兒床標榜可改成成長床，您購買時仍須以前面的安全原則挑選嬰兒床，不應以省錢為考量而犧牲孩子的安全。

第二章
固定餵奶間隔
與規律作息

第一節 基本觀念

正常孩子觀察紀錄有其規律後，在6～9週時可開始規律作息，有些孩子雖會自己發展其作息，而大部分孩子則不會，必須要大人引導，許多案例因為相信網路上的「規律作息就像是軍人訓練好可憐」這種沒有根據的大人猜想，殊不知目前筆者所看過「所有的」嬰兒睡眠育兒書都建議要有規律作息，嬰兒都喜歡可預期什麼時候喝奶、什麼時候睡覺；9週後還無規律作息的孩子，加上照顧者對於嬰兒睡眠理論一無所知，以為小孩天生下來累了就會睡覺（X），把大部分正常嬰兒30～40分鐘睡眠週期、前15分鐘淺眠期認為是孩子「天生淺眠」，必須要持續抱睡、哄睡、奶睡，加上不懂孩子該月齡應有的正常作息，只睡30分鐘根本就睡不飽，因為太累更容易哭鬧，這樣不斷的惡性循環下，認為自己孩子是淺眠寶、高需求寶寶，甚至拖到了4個月、6個月以後還相信孩子會自己發展規律作息，作息一團混亂說不出來、無任何規律，導致頻繁夜醒、大人小孩都非常疲憊；相較於這些孩子，有規律作息的照顧者都知道，只要引導孩子在適合的月齡有適當的作息，即為固定餵奶間隔、固定一段清醒時間就安排1～2小時的小睡，再適當的安排晚上長睡眠的入睡及清醒時間，讓長睡眠逐漸拉

長且穩定，大部分孩子在9週以後除了黃昏哭鬧外，幾乎很少莫名哭泣，當作息穩定之後再讓孩子學習自行入睡，孩子不但穩定發展，大人也會感到育兒的快樂。

筆者目前看過所有專述嬰兒睡眠書籍都說要先有規律作息，很多書籍只是淺淺的以一句話帶過，不過規律作息說起來簡單，做起來卻有很多細節上的困擾，這也就是本篇特別著重的部分。

觀念釐清：未滿月寶寶就開始規律作息（X）

從出生～未滿月的寶寶，每段喝奶清醒時間不長，往往邊喝邊睡，或還沒喝完奶就因清醒時間短想睡，而未滿月的寶寶通常睡眠時間很長，此時寶寶還小，通常沒有規律可言。因此應先觀察記錄寶寶清醒睡眠時間、喝奶時間與奶量，滿月後，通常從觀察記錄可漸漸發現其規律性，且可以在一段清醒時間確實喝完奶，之後才可以著手規劃規律作息，否則未滿月的寶寶規律作息，會有違反寶寶生理性的行為，而新生兒大約6～9週才會開始有日夜規律，可以穩定作息，在滿月前是沒有一天24小時觀念的，不宜未滿月即導入規律作息。

重點提醒：規律作息建議觀察記錄有規則後，滿6～9週後導入最佳，過早並不宜。

一、規律作息＝「每天在固定時間吃飯跟睡覺」，「動作順序最重要」

很多人把規律作息當作是百歲的專利，其實正統百歲派裡面並沒有講到規律作息，也沒有吃玩睡理論，美國知名保母崔西（《超級嬰兒通》作者）、英國知名保母吉娜（《寶貝妳的新生兒》作者）、《每個孩子都能好好睡覺》等書籍，都建議孩子必須要有規律作息，所謂的規律作息是每天在固定時間吃跟睡。

首先，您要了解規律作息的目的在哪，此舉為幫助了解不會說話的孩子需求，試想孩子不會說話無法表達想吃想睡尿布濕等需求，透過規律作息可以幫助判斷，如果不做光是判斷一輪可能就需要1小時以上的時間，常常嬰兒的需求又變化了，把大人小孩搞得人仰馬翻的。另研究指出嬰兒喜歡規律可預期，也可以幫助建立父母與嬰兒之間的信賴關係。

規律作息的作息表是可以規劃的，應優先「觀察記錄寶寶每天吃睡特性」，再著手規劃一個基於觀察記錄寶寶特性後的作息，作息可以有半小時的彈性，並仔細思考「作息稍微跑掉後的應變方式」；因此「並非」是照著書上的制式作息表「硬套」，這些作息表只是參考對照用，而非死板板的一定要照書上做，並建議父母在著手規劃與實施過程中一定要學習本章第二節並活用，才不會被作息表綁住搞得自己壓力很大。

嬰兒並無時間觀念，因此規律作息的首要重點是「動作順序」，而非「時間點」，也就是說您必須思考一個步驟順序，例如我會考量3個月以下吃完奶無法馬上換尿布，因為會溢吐奶，而且喝完常常要睡覺了，因此孩子清醒後我會先換尿布再餵奶，一方面也是爭取溫奶或泡奶的時間，大概不出幾天，孩子就會知道「換尿布→餵奶→玩→睡覺」這樣的順序，因此他就會很高興的等您換尿布，順序最好不要任意更改，這就是您跟孩子「對話溝通」方式，也就是上面所說可預期的由來。

　　大一點月齡的孩子可以知道您一天的作息安排順序，您就不一定要每一段都先換尿布→吃→玩→小睡，因為再大一點之後吃玩睡就會因為清醒時間更長，每段變成吃玩睡玩吃之類，但原則上也是跟順序有關，例如午覺之後有點心，早覺之後沒有點心而是換尿布，這點大一點月齡的孩子就能分辨，大體上來說，規律作息就是透過每天固定步驟的順序，來建立跟孩子的對話默契。

　　因此每日固定時間做甚麼事，維持一致性，就是為了建立規律作息，個人對於作息規劃是這樣的看法：首先，您必須先觀察記錄並參考孩子原本的作息，接著再參考與您同月齡孩子的作息表，參考的目的是為了讓您不要偏離孩子當月齡的清醒時間太多，避免讓孩子太累難以入睡，再來思考大人的作息配合微調。這樣您比較容易得到一個適合孩子的作息表，讓孩子情緒穩定，吃得好睡得香。

但這件事情其實不太容易，尤其是對一個千頭萬緒的新手爸媽，因此無須讓自己太過緊繃，假設您規畫作息後執行起來壓力很大，那請您先暫時忘記作息表，應先著重於每日的觀察記錄，待觀察記錄找尋到寶寶的規律後，再來著手安排基於觀察記錄後的作息表也不遲，切勿直接照網路或書上參考來的作息表硬套，如此本末倒置非規律作息的本意。

觀念釐清1：即使餵奶間隔不同也是規律作息

有的孩子餵奶間隔原則上為3小時1次，但長睡眠前的睡前奶距離上一餐4小時，每天早上7點起床，餵奶時間即為：7-10-13-16-20，每天都如此，這是規律作息。

觀念釐清2：即使餵奶間隔相同不一定是規律作息

有的孩子的餵奶間隔為3小時1次，但每天早上因為不同時間起床，第一餐時間不固定，餵奶時間昨天為7-10-13-16-19，明天早上6點起床為6-9-12-15-18，這不是規律作息。

二、規律作息重點

（一）固定餵奶間隔（必須先觀察記錄有其規律再安排）

有許多書會告訴你固定第一餐時間，例如早上7點或6點，再去計算，然而實務上在循環還沒達成時，常遇到很多新手父母會說：「每天起床的時間都不一樣，到底要如何固定第一餐？」

在解答作法之前，我們要先解釋何謂固定餵奶間隔：未導入副食品前，就是維持一個固定間隔的時間才餵奶。例如早上7點起床給第一餐，間隔3小時，那就是7-10-13-16-19-22-1-4，只有這些時間才會給奶，中間沒有穿插任何的親餵、奶睡。

觀念釐清：固定餵奶間隔中間不給任何形式的餵食，包含親餵、奶睡

有些媽媽會自行解釋這段看似很簡單的餵食間隔定義，而詢問表面上看起來有固定間隔，但為何失敗，實際上細問後發現他雖然固定餵奶間隔，但中間因為對自己沒自信、厭奶怕孩子餓、孩子想睡需要奶睡、搞不清楚孩子為什麼哭只好塞奶讓孩子不哭等等理由親餵或給奶，這樣就不是固定間隔，若固定餵奶間隔達不到，不管任何理由，這中間您用任何的形式讓孩子喝到奶，就是在破壞固定餵奶間隔，滿月後，讓孩子不到間隔時間就喝奶，導致孩子在固定時間不認真喝奶，更惡性循環。

◆餵食間隔建議：

0～1個月：未滿月的小孩約1～2小時喝一次，好一點可以隔2.5小時喝一次，這段期間不論是親餵或瓶餵沒有固定餵奶間隔沒有關係，再次提醒，未滿月不必規律作息當然也不必固定餵奶間隔。

1～2個月：建議3小時喝一次，親餵則還是2～3小時喝一次。

2～3個月：3小時或4小時，3小時比較容易達成。

3～4個月：3小時或4小時，3小時比較容易達成，如果要改成4小時，必須可以醒2睡2才能改，而且重點是在睡2，也就是能穩穩小睡2小時才可以改。

6～8個月：導入副食品後，副食品可間隔4～5.5小時，再搭配間隔2～3小時給奶，副食品與餵奶間隔各別計算。

如導入副食品，因為固體食物消化速度跟液體食物不同，一般固體食物需要5小時的消化時間，但並不表示中間不能穿插，例如副食品吃很好已改3餐，此時您可以在中間約2～3小時給一次點心/奶，並在孩子可以喝水後，隨著月齡成長補充水分。一般而言，越接近固體食物間隔時間越長，如果是接近液體或泥狀，則可能只間隔4小時就會肚子餓。

大約8～10個月可以改3餐的時機：副食品已吃得很好，且小睡很穩定，所謂的改3餐中間仍須給點心及補充水分。

觀念釐清1：為了大人的方便硬要4小時一次餵奶

餵奶間隔時間是由您寶寶的胃容量決定的，不是您個人方便／長輩決定／月中告訴您的，尤其是很小的嬰兒，通常胃就那麼大，裝的奶就那麼多，喝完要撐4個小時，通常不一定能辦到，測試方式很簡單，您打算4小時餵一次，若離上次餵食不到4小時就餓了，而且孩子是非常強而有力的哭不中斷，基本上這就是肚子餓，肚子餓我絕對不會拖，那麼您就要縮短間隔，如調整成3小時1次，所有的理論都是建立在固定時間讓孩子吃夠，這點做不到，就無法再談後續的規律作息、改入睡、戒夜奶等等。

觀念釐清2：親餵新生兒時期暫不適用固定餵奶間隔

在新生兒時期，有許多親餵的媽媽常會誤用固定餵奶間隔的理論，要求孩子要能滿3個小時再親餵，如果您的孩子達得到當然很好，但實際上大部分的親餵寶寶，在滿3個月以前通常不一定能辦到，有許多親餵理論者常會以為僅把餵奶間隔拉低就做得到，其實並不是這樣的，親餵在新生兒時期，也就是滿三個月前，暫時不需要理會固定餵奶間隔，寶寶想吸奶就給奶，不論

是真的肚子餓或是討安撫，因為新生兒吸吮力不強，在滿3個月前都在磨合吸吮技巧及衝奶量，如果媽媽身心理做得到且覺得快樂，親餵暫不須理會固定餵奶間隔及規律作息亦無妨。

然而這並不代表親餵的孩子永遠不適用規律作息，一般而言，我會建議您滿月時試試看是否能2.5個小時固定餵奶間隔，如果不行，在滿2個月時、滿3個月時再試試，最慢滿4個月時，孩子如仍未發展自己的作息，毫無作息可言，照顧者就必須要開始導入固定餵奶間隔至少3小時，穩定後再開始引導孩子進入規律作息。在滿3～4個月導入規律作息，就是為了幫助您辨識孩子是因銜接睡眠理論深淺眠轉換討奶哭，還是真的肚子餓的討奶哭，因為大部分寶寶滿3～4個月後，親餵寶寶的吸吮能力都已成熟，一般確實吸了30～50分鐘乳房都能撐3小時不喝奶，與瓶餵寶寶無異，如孩子只是吸不到10分鐘，多為討安撫並非肚子餓，照顧者最遲應於此時開始學習分辨孩子是真的肚子餓或是安撫需求，盡早幫助孩子學習自行入睡，而非再靠您的乳房睡覺。

（二）規律作息可以有半小時彈性

雖然規律作息就是每天要固定時間做某件事，但仍然有前後半小時的彈性，保持動作順序仍然是規律作息中最重要的，其次才是時間點。

觀念釐清：不懂得如何運用彈性，讓孩子過累導致無法正常進食

有些媽媽非常執著於時間點，例如7點餵奶就非常執著於7點整餵奶，卻忘了可以有半小時的彈性，也就是6：30～7：30都可以餵奶。事實上實際餵奶的時間點，要依前一段的實際睡眠狀況來判斷：如果孩子快到喝奶時間，前一段都沒睡，已經醒了接近或超過他的最大清醒時間，這時則需哄睡讓孩子休息15～30分鐘後，有力氣再叫醒喝奶，避免已經過累無法清醒而沒辦法認真喝完所需的奶量，造成喝得少少睡著又一下子餓醒討奶，導致非常短時間就討奶，不斷中斷孩子的睡眠，惡性循環。

（三）定時「不」定量

有沒有看到我特別強調，常有人以訛傳訛以為要定時定量，其實應該要定時不定量，寶寶要喝多少就給他喝，不強迫喝多也不強迫喝少，原則是定時喝夠讓肚子消化休息後再到下一餐是所有這些理論的最基礎，切記！

觀念釐清：為了大人的觀點想法而犧牲了孩子的睡眠

有些媽媽會聽信網路謠言，擴張解釋瓶餵規律作息的孩子很可憐，會被過度餵食，要短時間讓孩子喝八分飽，少量多餐才不會溢吐奶，事實上除了經常噴射性吐奶必須就醫，新生兒喝奶有些小溢奶才是有喝夠的跡象，應該著重於拍嗝餵奶的技巧，而非讓孩子每次都喝不夠，睡覺睡到一半又被餓醒，中斷睡眠，非常短時間就要再餵奶，不但大人很累，小孩也整天都吃不飽睡不夠，孩子又怎能穩定開心呢？

為何要定時餵奶？理由有2個：

◆幫助排除肚子餓的哭聲判斷

◆讓腸胃可以獲得消化休息的時間

我常常跟長輩比喻，您能想像您整天都在吃東西，一整天都在飽足狀態，每1～2小時吃一次不肚子痛才怪！為什麼3個月內會有腸絞痛，太頻繁餵食也是其中因素之一。

（四）吃—玩—睡＝保持清醒的吃夠

所謂的「吃—玩—睡」就是在您定義的白天時段，讓孩子小睡一段時間，清醒後喝奶，並且在喝奶的時間中持續保持清醒，在喝奶拍嗝後還能清醒一段時間，再讓孩子小睡。

為何要吃—玩—睡？

1、保持清醒的喝夠

因為嬰兒未滿月時清醒的時間不長，很常邊喝邊睡，如果正常非早產兒在滿月後，若還是常常讓孩子邊喝邊睡，或是喝到一半睡著就不喝了，每次都無法認真清醒把奶喝夠，易導致頻繁討奶，進而影響睡眠。

2、避免奶睡的睡眠連結

加上銜接睡眠理論，每次讓寶寶吃完睡，或邊睡邊喝，這樣寶寶下次醒來發現睡前含著的奶不見了，哭聲聽起來像討奶實際上是討睡，不懂睡眠理論的新手父母常常又錯誤給奶，等到了4個月以後就會

開始演變成頻繁夜醒、每晚夜奶無數次。

3、避免直接奶睡完後清醒溢吐奶

不少父母曾有這種經驗，讓他喝完奶直接睡覺，結果不是突然淺眠吐一口奶，就是醒來後吐一大口奶，萬一這時大人不在身邊，吐奶造成嗆到口鼻窒息就很嚴重了，在網路上也會看到，睡到一半吐奶的案例，因嗆到塞住口鼻導致整個臉發紫，幸好及早發現抱起來拍處置，這個原因也讓吃玩睡理論能普遍被接受。因為吃完之後加拍嗝再清醒一陣子，讓寶寶打嗝直立消化15～30分，才能減少睡到一半溢吐奶的現象，話說應該也沒有成人可以一吃完飯馬上就睡覺吧？肚子會覺得很不舒服不是嗎？

觀念釐清：吃─玩─睡的常見錯誤

◆讓孩子邊喝邊睡，喝完後再叫醒拍隔，讓他清醒一陣子再去睡。（Ⅹ）

→必須整段包含餵奶＋拍隔時間都盡量保持清醒。

◆因為喝完奶睡著很輕鬆捨不得叫醒，所以每次都讓他睡個15分鐘再叫起來玩。（Ⅹ）

→奶睡的連結並未打斷，4個月後很容易頻繁夜醒。

◆吃＋玩的時間並未考慮孩子該月齡的最大清醒時間，而讓孩子過累太晚放床或不夠累太早放床。

　　一開始月齡小，由於必須努力讓寶寶在清醒時間內吃奶，加上清醒時間很短，喝奶的時間卻需要很長，所以應在寶寶一醒來就喝奶，等喝奶打嗝直立消化一段時間後，寶寶如差不多快要到睡覺時間了，就要準備放床，這就是吃玩睡的原理。等到孩子月齡大，大約6個月以後，因為清醒時間變長，逐漸會演變成吃玩睡玩或玩吃玩睡。

（五）白天吃─玩─睡，晚上不用

　　6週後，新生兒作息逐漸可以分成白天及晚上，而白天跟晚上的定義是依照您的作息安排，白天就是實施吃─玩─睡，而晚上就不必吃─玩─睡了，晚上大睡前那一餐開小燈餵完確實拍嗝直立一段時間後放下去睡，之後夜奶也一樣，晚上長睡眠就不要再傻傻的吃─玩─睡了，絕對不要陪他玩。

（六）夜晚的定義

首先說明足月出生新生兒：

1、最快要滿2.5個月後

2、沒有夜奶

3、假設您小睡等作息安排得當

4、可以自行入睡

以上4個條件具備，都會有能力逐漸長睡眠10～12小時，至於您的孩子是睡10小時或11小時，這是天生的無法改變，大部分的孩子平均落在10小時，少部分的孩子可以睡到11小時以上，至於您孩子實際長睡眠的時數，必須要觀察紀錄才知道，隨著年齡增長，7歲以後，這個時數會逐年縮短15分鐘，變成成人的8小時睡眠。

所以一開始就算有夜奶，我們也假設未來可以連睡10～12小時，作為安排作息的準備，那這10～12小時就是我定義的「夜晚」，通常建議您安排晚上9點以前睡覺，早上6～8點起床；大部分的孩子，月齡小一點（＜3個月）還可以睡到早上9點以後，大一點時（>6個月）幾乎無法睡超過9點，所以您看建議的作息表，幾乎都是7～9點起床開始這樣做規劃，白天就是指長睡眠以外的時間，全部實施吃—玩—睡。

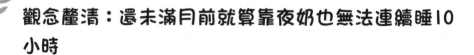

觀念釐清：還未滿月前就算靠夜奶也無法連續睡10小時

新生兒大約6～9週後才會開始有日夜規律，可以穩定作息，在滿月前是沒有一天24小時觀念的，就算靠夜奶也無法連續睡10小時，而且未滿月前因為一定未滿5公斤，因此不可以戒夜奶，

如果睡得太好，反而要小心是低血糖，最好固定4小時就得叫醒喝一次奶。

另外個人觀察新生兒還未到6週前，即使靠夜奶也無法連續睡超過6～8小時，此時在規劃長睡眠時反而要注意不能太早放床，例如晚上9點睡極有可能會變成凌晨3點醒。

（七）哭聲判斷

還記得那時我親友生小孩正為新生兒所苦時，我送了一本書給親友看，買的時候打開來看到一個我很驚訝的事實，原來小孩的哭聲不是都一樣，自生下來後就會根據他的需求不同，例如：餓了、換尿布、想睡、醒了、覺得太冷太熱、生病、無聊等。

嬰兒不會說話也不會比手語，唯一溝通的語言就是「哭」，而且哭聲隨著需求有所不同，每個孩子的哭聲也不同，作為新手父母的第一個功課就是要學會觀察記錄孩子的哭聲、猜測原因以及解決方式，這邊淺略介紹常見的哭聲如下：

◆討奶（肚子餓）的哭聲：哇哇哇的哭聲，節奏很有規律，會一直哭超過20分鐘以上直到喝到奶。

奶睡有可能也是這種哭聲，我自己的孩子之前就是要奶睡，又不接受其他方式安撫，所以當時他睡覺哭聲完全跟肚子餓一模一樣。

解決方式：實施吃玩睡，斷開奶睡連結。

◆討睡的哭聲：可能是先大聲尖叫，再忽大忽小的哭，也可能是直接忽大忽小的哭，如果沒有任何哄睡習慣，通常會持續最多20分鐘後睡著。

通常會嘩～嘩～嘩～沒什麼力道，但有時候會情緒失控尖叫，過累及想睡都歸類於此類哭聲。

解決方式：照顧者必須要懂嬰兒睡眠理論，在孩子想睡的時候就送他上床，並協助他早日學會自行入睡。

◆不舒服的哭聲：通常會尖叫，也很難安撫直到原因排除。

查看是否過冷／過熱／尿布濕／大便／要打嗝／腸胃不舒服等需求，＜4個月的嬰兒通常是腸胃問題。

解決方式：找出不舒服的原因，如有疑慮請盡速就醫。

◆黃昏哭鬧：通常會超過20分鐘以上的哭聲，難以安撫。

黃昏哭鬧的特徵是每天幾乎固定時間哭，通常為下午或黃昏，有規律作息者會發現在長睡眠前的最後一段吃玩睡，且一週約有3天以上都會哭。

解決方式：基本上即使極力安撫仍無解，但黃昏哭鬧約4～6個月就會消失。

◆腸絞痛：通常會超過20分以上的哭聲，難以安撫。

在＜4個月的新生兒初期很容易有此哭聲，基本上腸絞痛與嬰兒腸

胃並不一定有相關性，帶給醫生看若找不出明顯的原因，通常會被歸類為此原因，醫生大部分會開益生菌，吃了也無改善就是跟腸胃無關。

解決方式：若是真正有腸胃問題的新生兒，通常在您抱著一個固定的姿勢後會停止哭泣，吃醫生開的藥會有改善；另一種方向是如果已經滿月而還沒有規律作息、不懂嬰兒睡眠理論，很容易讓孩子過累、過度餵食而不自知演變成腸絞痛，應導入規律作息。

觀念釐清I：不要不計代價的讓孩子不哭

常會看到網路說「前三個月就是抱好抱滿，給滿滿的安全感、遇到哭塞奶就對了，我的孩子到現在7個月都會笑……」，事實上新生兒的哭聲到6～8週為最高峰，嬰兒在前3個月手腳幾乎不能活動，而且視力也不好無法看清楚玩具，又無法說話比手語，他唯一的語言就是哭，活動方式也只有哭，等4個月以後孩子開始會翻身、6個月開始會坐、8個月開始會爬，能玩能做的事情變多了，自然就很少哭了，跟前3個月有沒有抱好抱滿沒有特別大關係。

要建立安全感應該是正確判斷回應孩子的需求，要達到這樣的方式應該是去學習判斷孩子的哭聲，觀察記錄每次哭聲的樣子

及對應需求，嬰兒生下來無法自理，需要的是可以冷靜判斷孩子哭聲並迅速回應需求的照顧者，而非遇到哭聲只會不計代價，拼命哄抱搖、又爬上爬下、開車、換更多玩具刺激、塞奶等等，這麼做只是反應出媽媽對於孩子哭聲的不安焦躁感，更加深媽媽的憂鬱，無益於建立安全感。

6週後若能導入規律作息及吃玩睡者，在作息固定後，最快8週就會感受到孩子除了黃昏哭鬧外，幾乎很少莫名哭泣，比起上述網路謠言抱好抱滿7個月～1歲孩子才穩定的媽媽，更快讓孩子進入穩定愛笑的狀態，如果按照這些媽媽認為穩定愛笑不哭就是孩子有安全感的標準，那這樣的方式更快讓孩子進入有安全感的狀態。

特別敏感的孩子更需要規律作息，在孩子6～9週以後，可以導入固定餵奶間隔、吃玩睡及規律作息，一旦調到符合孩子該月齡的作息，且作息固定並穩定一週後，您就會感受到孩子的穩定，即讓孩子感受到「媽媽總是知道我的需求」的安全感。

小祕訣：月齡小於6個月不明原因哭泣可以嘗試的方式

首先，您要先確認除了黃昏哭鬧及腸絞痛以外的原因，包含肚子餓／想睡／尿布……等等原因都排除後，您可以試試以下方

式幫助孩子冷靜下來：

◆ 減少更換玩具、不斷搖晃的刺激：更多的刺激對於新生兒來說只會讓他驚嚇。

◆ 包裹技術可減少刺激：新生兒對於自己的身體非常陌生，有時在視力增加後可以看到更遠，發現自己的手、身體可以動，對他來說是非常重大的發現而過於刺激，這時適度的用包巾等包裹技術限制他的手腳可幫助他平靜下來。

◆ 更換地點躺5～10分鐘：有經驗的保母會跟你說：「寶寶覺得這邊無聊了，躺一陣子不舒服了，要換個地方躺。」如：幫孩子從嬰兒躺椅換到沙發或床，等待5～10分鐘，摸摸他的手腳平靜不要焦急的跟他說話。

觀念釐清2：規律作息會讓孩子黃昏哭鬧，讓孩子自己發展作息就不會（X）

有規律作息者一定會發現孩子在長睡眠前的那段吃玩睡，特別容易哭鬧且無法安撫，各種原因都試過了就是一直哭，這就是黃昏哭鬧，上網求助這時就會有一堆讓孩子自己發展作息的媽媽說：「那麼小幹嘛規律作息，我讓孩子想吃就吃想睡就睡都不會黃昏哭鬧」，事實上他們的孩子哭鬧時間更無法預期，因

為沒有規律作息甚至可能在半夜哭泣，那其實就是黃昏哭鬧而他們不自知，看醫生也找不出原因只能歸類為腸絞痛，事實上跟這些孩子比，至少您的孩子除了黃昏哭鬧以外都是屬於愛笑幾乎不哭的狀態。

黃昏哭鬧有2種說法，一種是經歷了一整天的刺激後累了，一種是不夠累而宣洩精力，這兩種說法都是在說明這是一種不明原因的哭泣，好消息是大約等4～6個月之後，黃昏哭鬧即會消失。

（八）勤於紀錄

對於一個還不會說話的小孩，怎麼知道他的哭聲是代表示什麼意思？

唯一的方式就是透過紀錄，詳細的寫他何時吃、玩、活動、哭聲徵狀及相對應的需求原因處理，漸漸幫助自己了解孩子的氣質，各大育兒書上幾乎都要求要寫紀錄，個人從不記帳也沒在寫日記的，唯獨這件事情到現在都還天天寫，因為這實在幫助太大了，再怎麼一開始以為沒規律的孩子，紀錄2～3天之後也會漸漸發現有一定的規律。

1、記錄方式

（1）吃：親餵左胸右胸吃幾分鐘、瓶餵母奶或配方奶量幾ml，花
　　　多久時間。

（2）睡：我會細到紀錄他幾點幾分睡著，幾點幾分起床，中間即使有中斷也會記錄。

（3）哭聲跟原因：稍微形容一下哭聲跟找到的相對解決原因。

2、紀錄簿格式

吃─時間	食量	副食品		大便	洗澡	睡─時間	備註
			□母乳 □配方				

這個紀錄非常的有用，初期有幾點幾分起來，到幾點幾分真的睡著，這樣的紀錄，幾次平均後，可以知道他清醒多久時間，就可知道最大清醒時間。

到後面作息穩定後，有時候稍微有點凸槌，例如早上突然早一個小時起床，我就會翻翻紀錄簿看看他前幾天是什麼時候睡著，通常算準時間放他去睡有很大的機率他會睡著。

觀念釐清1：最大清醒時間定義

所謂的最大清醒時間就是指孩子睡醒眼睛睜開到第一次眼睛閉上睡覺，由於新生兒於4個月以前，剛入睡的前15分鐘容易驚

醒，因此眼睛閉上後很容易又睜開眼睡睡醒醒，這段睡睡醒醒的時間仍然算是睡覺。

觀念釐清2：小睡時數定義

由於一開始新生兒睡得很不穩，因此小睡總時數計算特別不容易，實際上睡眠的時數定義是孩子真的眼睛閉上，包含前15分鐘容易驚醒的時間，但中間銜接睡眠時清醒以及入睡前的睜眼階段皆不算在睡眠時間。

（九）總結

睡眠問題是一個很複雜的問題，應該要循序漸進，一次只做好一件事情，不要同時又想要規律作息、自行入睡、戒夜奶，應該要依序逐步處理好：規律作息→自行入睡→戒夜奶，同時做會逼死自己，因為難度太高，最後只好放棄。

三、如何規劃作息

很多人應該都疑惑就是到底要如何規劃作息，嬰兒作息真的是可以規劃的嗎？

我也是從原本傻傻地按照書上或網路上的作息表，練就到後來了解整個理論後，可以用「計算的」知道孩子很可能幾點會睡著、夜醒等各種睡不好現象可能是因為什麼原因造成的，計算的心法如下：

（1）要知道各月齡最大清醒時間

確實記錄後了解您孩子現在的最大清醒時間，或是您可以參考以下建議數據：

0～1個月：45分～1小時

1～1.5個月：1小時10分～1.5小時

1.5～4個月：約1.5小時

4～5個月：1.5～2小時

5～7個月：2～2.5小時

7～8個月：2.5～3小時

8～10個月：3～3.5小時

10個月～1Y：3.5～4小時

一旦到了最大清醒時間的前15～20分鐘，請讓孩子上床睡覺。例如您的孩子10點醒來，目前1.5個月，那麼推測他再1個半小時就會睡，也就是11點半會睡著，請最遲在11點20分前送上床。

（2）先排大睡時間，再排小睡間隔

例如：孩子根據紀錄長睡眠只能連睡10小時，您希望他早上7點起床，那麼就表示前一晚必須9點睡著，孩子目前月齡4個月，最大清醒

時間1個半小時，安排小睡作息如下：

7：00醒　第一餐

8：30～10：00小睡1

10：00醒　第二餐

11：30～13：00小睡2

13：00醒　第三餐

14：30～16：00小睡3

16：00醒　第四餐

17：30～19：00小睡4 ※註1

19：00醒

20：00第五餐

20：45準備送上床長睡眠，預計21：00睡著

（3）長睡眠前的清醒時間

6個月以前：該月齡最大清醒時間＋0.5小時

6個月以後：該月齡最大清醒時間＋1小時

讓長睡眠前的清醒時間比原本最大清醒時間還長一點，對孩子來說也是一種長睡眠前的睡眠暗示，不過仍須考慮孩子的實際生理狀況。6個月以後可以慢慢多清醒到最大清醒時間＋1小時，但太長也會過累，過累就會容易夜醒、不好哄睡等，實際長睡眠的清醒時間，請觀察紀錄您的孩子。

註1：因長睡眠前最後一段小睡，有許多孩子在滿4～6個月時，常睡滿15～30分鐘後就醒來不睡，因此另一種版本是將這段小睡變成只睡0.5小時，就會變成這樣：

16：00醒　第四餐

17：30～18：00小睡4

19：00第五餐

19：45準備送上床長睡眠，預計20：00睡著

這樣的做法讓孩子可以提早進入長睡眠，看看哪個版本會讓孩子比較不哭鬧。

註2：因為孩子一旦超過4個月有穩定作息可以分辨日夜後，很容易早醒，您要規劃成早上9點以後起床基本上是有難度的，不要以為讓孩子晚睡就可以晚醒，大部分的孩子都喜歡5點起床，原因就是日出而作、日落而息，這是人類天生的生理時鐘機制。如果5點起床對您而言不太方便準備，不想要5點起床，想要稍微晚一點到7點、8點是可以的。

四、常見問題篇

Q：作息怎麼樣叫做有問題？

A：如果您的孩子吃好睡好那當然不需要更改，但如果您的孩子超過10週後，小睡不穩、醒時非常鬧、很會哭鬧尖叫、只能睡半小

時，食量睡眠皆與同齡數值少很多，甚至嚴重到影響生長曲線，則須往調整作息方向思考。

另外一個要提醒大家的，筆者常常看到他的孩子並無任何困擾問題，僅因為孩子的作息無法照書上或網路上建議作息表就上網發問，只要您觀察記錄寶寶發展狀況沒有問題，且吃好睡好情緒穩定就不需要改作息，即使作息跟大家不同。

Q：我的小孩還是某某誰誰誰的小孩，沒什麼規律作息還不是吃好睡好？小孩的作息本來到6個月後就會自己建立了，幹嘛要幫他建立作息？

A：部分孩子6～9週可以穩定作息，但大部分的孩子不會自己發展作息，必須由大人介入引導，放著不管等到4個月、6個月仍無規律作息者就會演變成睡眠問題，不僅大人非常疲憊、孩子也睡不好影響發展，既然幾乎所有的育兒書都建議從規律作息開始了，那麼不妨試看看先規律作息如何？

Q：你的小孩氣質可以建立作息，我的小孩就是高需求沒辦法？

A：為什麼規律作息會失敗？

（1）選擇不適合的作息

各大育兒書籍或是網路上「同月齡」孩子的作息表，常常看到不

歡迎加入
寶寶睡好覺

少媽媽拿1歲多的作息套在0歲兒身上，當然小孩會過累導致不睡覺，不睡覺就只好哄睡，問題越來越嚴重，搞到自己崩潰越來越憂鬱。

另即使是套同月齡的作息，每個寶寶生理狀況不同，也會有些許不同，因此透過觀察紀錄每日寶寶生活（含奶量、喝奶時間、清醒時間、睡覺時間），參考建議的作息表，著手安排屬於寶寶與您合適的作息表，規律作息才容易成功。

（2）持續不夠久

你持續多久？1天2天甚至不到1天？月齡小（＜3個月）必須要至少3～5天甚至一週才有用，月齡大（＞6個月）如原本的作息需要調整至少要1～2週，羅馬不是一天造成的，養成一個習慣據說平均天數要21天，至少給自己跟小孩一週的時間吧！

每次調作息至少要維持一週，月齡越大（＞6個月）不建議調整作息過大，而是建議參考原本作息做調整，當超過1歲時作息應非常穩定，如仍有睡眠問題，請勿任意調整作息，反而要往入睡方式方向思考。

（3）您或照顧者不相信規律作息理論

如果是長輩非常難以接受所謂的規律作息，甚至覺得作息自然就會發展，如此很累是非常正常的，但我家的孩子約1.5個月後就非常規律，長輩在我的說服且逐漸有成效之下，也開始發現規律作息的好處，照表操課真的比在那邊亂猜簡單很多。

不過假設您自己都不願意相信規律作息的好處，那就真的沒辦法了，其實不只嬰兒需要規律作息，大人也需要，有許多關於健康及減重等不是都建議要規律作息嗎？

　　不管出自於何理由，如果您覺得不需要規律作息也可以把小孩養得很好，那也沒有關係，自己跟孩子舒服就好了，我的育兒理念就是：「不管用什麼方法，自己跟孩子開心就好了」

　　Q：要怎麼自然而然戒夜奶？
　　A：戒夜奶這件事情，不是單純一兩句話就可以解決，而是一段流程：規律作息→自行入睡→戒夜奶

　　如果您要月齡很小，非常自然且「真正」的戒除夜奶，就必須照上面的流程做，否則您只能等月齡非常大可以聽得懂人話，或是使用比較不自然的方式戒除，但通常孩子都無法接受，導致於到了6個月後還在餵夜奶，然而方法正確，真的不需要任何痛苦的戒夜奶手段，孩子會自然不需要喝夜奶也不會大哭。

　　Q：小孩睡眠不穩無法遵守作息時間？我壓力好大。
　　A：一開始這都是正常的，月齡太小睡得很好沒有問題反而還要叫起床呢！

　　睡不著、還沒睡到小睡時間滿起床都非常正常，要用心學習看懂

歡迎加入
寶寶睡好覺

本章第二節的實作操作方式並靈活運用，才能真正幫助孩子早日穩定作息，作息表前後相差半小時內都是可以的，不要拿作息表壓自己，記得作息表最初的用意，就是幫助大人了解小孩的哭聲，幫助小孩了解大人的連續動作，建立默契跟信任。

如果覺得實在是太難，壓力很大，倒不如暫時丟掉規律作息，等待幾週、一個月後再來嘗試，隨著孩子的月齡越大會越容易培養規律作息；還是覺得太難，想照著自己的直覺養，到2歲後自然問題就解決一大半。

Q：未滿月可以規律作息嗎？

A：不用。養育孩子的過程中，每教一件事情，例如教吃飯、睡覺、喝水等等都有一個適合的時機，過早或過晚做都不好，規律作息最適合的時機是6～9週開始即可，太早做雙方都會非常辛苦，也沒有任何幫助，在這之前唯一能做的事情就是觀察記錄。

這時候您應該在坐月子，假設沒有人幫你顧小孩，導致您無法好好休息、非常辛苦甚至到憂鬱，應該是往迅速找人幫忙的方向思考，例如：找婆婆找媽媽、找後援、找月子中心、找月嫂等等，而非立即要求嬰兒配合大人作息。

拉長餵奶間隔、
規律作息實作

　　規律作息、吃玩睡說起來簡單，做起來卻不容易，尤其是月齡小更困難，許多人常常不得其門而入，雖然知道未滿月前不能規律作息，滿月後觀察記錄後有規律可以開始，最佳時機是6～9周導入規律作息，由於嬰兒睡眠理論，淺眠易醒的關係，做起來常常困難重重，例如：小睡只能睡半小時怎麼辦？的確，孩子不是機器人，不可能每次都睡到與作息表相同，因此，遇到與作息表不同時的「應變措施」及「如何保持彈性」，這幾乎是所有育兒書上都以一句話帶過，也是最難且我最常被問的地方，翻遍各大書籍都苦無入門之道，不知怎麼做的人更是會誤解，以為規律作息就是要硬套作息表，沒達到就讓孩子哭，而我的做法是有限度甚至不太怎麼讓孩子哭就可以達到作息表的，接下來就是解釋如何操作，希望大家都能學習並活用。

一、目標及概念

每段作息目標理想狀況是這樣：

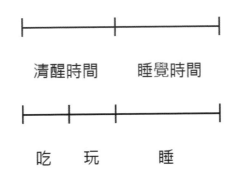

看上面的圖就了解，為什麼需要紀錄清醒時間，因為要把握孩子的最大清醒時間，拿來吃＋玩，否則一旦拖過最大清醒時間，孩子就會變成奶睡。嬰兒天生下來就是屬於這樣的狀況，如果不懂得此理論任由孩子吃完睡，到了4個月以後就很容易因為奶睡的銜接睡眠連結，造成頻繁夜醒。

另一般情形下，孩子不管前面盧了多久沒睡，通常睡了15～30分，就可以再撐一段「最大清醒時間」，例如孩子根據月齡最大清醒時間是1個半小時，前面盧了1小時沒睡，後來睡了15～30分，他就可以再撐1個半小時，知道這些後，可初步開始安排孩子的作息了。

觀念釐清：只睡半小時就可以再撐一個最大清醒時間，那每段都睡半小時就好（X）

上述說明是因孩子尚未學會銜接睡眠導致每睡半小時醒來，如月齡小（＜6個月）通常每段要睡1～2小時，因此只睡半小時除無法讓孩子練習銜接睡眠外，若每段只睡半小時成為常態的話，則孩子白天小睡就會不穩且時數不夠造成過累，也會影響到夜晚的大睡不穩易醒，長期下來導致孩子每天睡眠狀況不佳，惡性循環影響發展。

核心思想是保持孩子清醒時喝夠奶

月齡小（滿月～4個月）的孩子因為清醒時間很短，通常只有1.5小時，喝奶＋拍嗝直立又需要45分～1小時左右，剩下的清醒時間很短，非常不好做，最好是讓孩子一醒來就喝奶才達得到。這也是未滿月不用規律作息的原因，因為清醒時間＜＝喝奶所需時間。

（一）範例

3小時的版本，適合月齡：滿月～4個月

某媽媽開始雄心壯志的實施吃玩睡規律作息的一天，預定3小時一循環，7點起床，目前依照月齡只能最大醒1.5小時：

7：00吃

7：30玩

8：20開始想睡，用哄睡或自行入睡準備睡覺

8：30真的睡著

9：00哭了！，再開始用哄睡或自行入睡銜接睡眠

9：30怎麼辦盧到這時還沒睡！可是10點要餵了

9：45終於睡著了

10：00他還在睡,到底要不要叫醒呢？

→可以叫醒，因為已經過15分鐘了

case1：上述案例

→之後可以再清醒1小時30分（若10：00醒，推測11：30想睡）

case2：

那如果他剛剛是9：55才睡著呢？

→不要叫醒，再等他睡滿15～30分，10：10～25分再餵

7:00　　8:30　9:00　9:55 10:10

清醒時間　睡　　醒　　　睡

→之後可以再清醒1小時30分（若10：10醒，推測11：40想睡）

case3：

那如果都沒睡著呢？

要趕快餵因為只剩半小時清醒

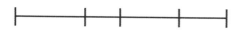

7:00　　　8:30　9:00　10:00 10:30

清醒時間　睡　　醒　　醒

→可清醒1小時30分（若9：00醒沒睡，推測10：30想睡）

那中間沒睡的30分～1小時怎麼辦？

這就是他要學習銜接睡眠的過程，又或者是您可以先用哄睡幫助他睡覺，先讓他習慣「清醒喝夠奶-清醒一陣子-連續睡眠1～2小時」的吃-玩-睡規律作息週期，如果他願意哄睡，那整個吃-玩-睡的過程會很快建立起來，等跑得很穩3～7天後，再來引導自行入睡都可以，還記得上一節講過的順序：

規律作息→自行入睡→戒夜奶

原因就是在這邊，先讓孩子習慣什麼時候做什麼事情，一次只做一件事情，這樣比較容易成功，自己才會比較有信心。

（二）新生兒睡到一半哭怎麼辦

在這邊您會很容易遇到一個卡關的現象，那就是30分鐘之後很容易醒來，事實上這跟睡眠理論有關係，小睡睡到一半醒來，每次只要他哭醒，都必須要先巡查排除以下狀況：

◆尿布有無大便→換尿布

◆有些孩子較敏感尿布太濕也會鬧→換尿布

◆摸孩子的頸背確認無太冷太熱→太冷加衣服、太熱開冷氣

◆沒有蚊蟲咬傷、感冒、鼻塞、腸絞痛等其他身體不適→請排除身體不適

◆放鞭炮樓上很吵等各種突然的聲響→請直接安撫

◆腸絞痛、黃昏哭鬧（好發於2～3個月）→極力安撫，等過了3個月後大多會逐漸好轉

只要沒有以上這些問題，您就可以大膽假設他就是要睡覺在哭。到這邊您一定會很好奇，為何沒有「肚子餓」這個選項，因為我們已經在1～2小時前喝夠奶了，這就是為什麼要吃玩睡的原因。每次孩子小睡哭醒都必須查看上述情況，假設都不是，極有可能就是：

除非孩子超過1歲，否則睡半小時醒來，多半是睡不飽還要睡的哭→不要再誤會您的孩子不想睡了！

解決方法就是讓孩子多練習自行入睡跟銜接睡眠，這樣孩子才能趕快有夜晚長睡眠休息的能力，自然情緒穩定、不容易鬧、奶跟飯吃得多，晚上不會一直夜醒被中斷睡眠。

通常只讓孩子小睡半小時，大部分的孩子其實都還想繼續睡，只是沒有銜接睡眠的能力，因為您誤會他不想睡，結果就把他挖起來玩，長久下來他沒有練習銜接睡眠，很容易造成情緒不穩、吃不好、拼命討哄睡安撫、甚至演變成過累尖叫哭，最讓人難過的是超過6個月以後，有一定機率會晚上夜醒很多次。

這也就是為什麼作息表的小睡時間，都會建議至少是1～2小時，因為這樣才有機會讓孩子練習銜接睡眠這項能力，只要是您認為的「白天」，就不可以讓孩子一次睡超過3小時，因為那會讓孩子誤會是長睡眠；而所謂的日夜顛倒，就是很多新手爸媽，覺得孩子晚上都沒有睡好可憐，白天又不實施規律作息，隨意聽信網路上說「讓孩子想吃就吃想睡就睡，規律作息好可憐」這樣大人自以為的想法，不了

解幾乎所有專述嬰兒睡眠的育兒書上皆建議滿月以後若觀察記錄有規律，6～9週可盡早建立規律作息，而照顧者白天讓孩子一次睡超過3小時，這是在教孩子白天才是晚上，晚上才是白天，可以起來玩，不斷惡性循環造成的。

養孩子必須貼近孩子的需求，孩子喜歡可預期及規律，您為了一個網路上似是而非的想法，搞得大人犧牲奉獻、孩子也不開心，有些人甚至將此歸咎是孩子的氣質，實在為這些孩子感到惋惜。

二、奶量與餵奶間隔

月齡小時（滿月～4個月前）非常難以拉長並調整餵奶間隔，這個小節就是對於月齡小時如何正確拉長餵奶間隔並穩定作息的建議。

現代人幾乎都會住月子中心或請月嫂坐月子，孩子未滿月時都非自己照顧，因此從月子中心回來後首要任務是觀察孩子，而非馬上就要開始套入什麼模式，這就很像你在一間公司，不希望新老闆一來，不清楚狀況下就開始決定要做什麼事一樣，常常成效不佳，因此先觀察記錄至少一週後再依寶寶特性調整，是對您與寶寶最好的，盡早讓孩子先把奶喝順，然後再建立一個基於觀察記錄寶寶特性後的作息，微調後安排屬於您和寶寶的規律作息。

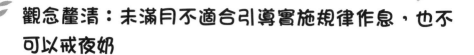

觀念釐清：未滿月不適合引導實施規律作息，也不可以戒夜奶

再次提醒您，有些媽媽必須自己照顧未滿月的孩子，未滿月的孩子是不需要實施規律作息的，當然如果您的孩子能夠適應3～4小時喝1次奶的生活也很好，最重要必須要提醒您，未滿月的孩子絕不可以戒夜奶，反而至少4小時要餵一次，以防低血糖陷入昏迷。

領回家第一件事應該是注意喝奶的問題，尤其是在月子中心住過的，月中護士告訴你的奶量與餵食時間間隔，應做為參考但非照單全收，一般來說月中都是4個小時餵食一次，護士都是非常有經驗的餵食，新手父母常常領回家之後發現，吃不到護士告訴你的量，不到4個小時就餓了，這時應該是降低標準，調整為每2.5小時或3小時餵一次，量也常常達不到月中告訴你的量，這些都是非常正常的，常常看到新手父母上網，求助定時定量（X）餵食的問題，在上一節中，也已提過有關於餵食時間間隔與食量，應該是由你的孩子胃容量決定，而非您／長輩方便或月中告訴你的數字決定，未滿月的孩子約1～2小時吃一次，滿月的孩子如果瓶餵的話可以3小時吃一次，親餵可能暫

時還是2～3小時吃一次，4小時一餐為月中團體生活，有可能孩子達不到哭，只是您沒有看到而已，加上1～2個月通常孩子只能醒1～1.5小時，因此如果4小時餵食一次，表示小睡需要睡3個小時，小睡一旦超過3個小時，有時孩子會誤認為大睡，因此非常容易造成日夜顛倒的問題，沒有經驗的新手父母不建議4小時餵食一次，另外一個原因則是大部分孩子都有睡眠障礙不容易入睡，會不容易判斷孩子的哭聲是要喝奶還是要討睡，這些都是建議3小時餵食一次的原因。

　　而比較容易成功的做法應該是定時而不定量，固定3小時吃一次，量則參考衛教建議的奶量範圍，有達到建議範圍內即可，不需刻意餵完，定時吃夠是所有理論的基礎。

◆實際案例

　　二寶滿月領回家時，月中告訴我們4小時可吃120ml，實際上我們發現二寶根本吃不到120ml，頂多只能吃80ml，然而吃80ml根本撐不到4小時，但3小時是沒有問題的：因此規劃餵奶間隔3小時，奶量80～120ml區間即可。

　　大寶領回家時，月中告知4小時150ml，但實際上3小時150ml還是會想吃，不過再多餵大寶肚子也裝不下，會不斷溢吐奶，大寶是個重吃的孩子，因此還是要多觀察以孩子的胃容量為主，再配合奶嘴流速調整，盡早讓孩子吃得順：因此規劃餵奶間隔3小時，奶量100～150ml區間可撐3小時，並更換奶嘴頭流速10～15分鐘喝完奶，以滿足吸吮口

慾，並控制奶量區間避免喝奶過多。

三、奶嘴流速調整

在當新手媽媽的時候，很少人包含衛教都沒有提到吃奶速度的問題，網路及書上也很少資料，然而魔鬼出在細節中，如果您是瓶餵母乳或配方奶的媽媽，都必須要特別注意奶嘴頭的流速問題，盡早讓孩子的奶喝順。

（一）如何知道奶嘴頭流速過快

通常這容易發生在未滿4個月的新生兒，特別是從月中帶回來滿月～2個月的時候，合理的吸吮時間，也就是不包含拍嗝的時間，應該至少要15分鐘，合理的時間是15～25分鐘。

大寶當時喝奶量約120ml，常常10分內就喝完，導致他入睡時還沒滿足他的吸吮慾望，因此他的哭聲永遠是要喝奶的聲音，為了改善他這個問題，我才著手進行更換奶嘴頭的計畫，果然一改正之後，他要喝奶及要睡覺的哭聲就完全不一樣了。

另外，常常嗆奶或噴射型大吐奶，也有可能是奶嘴頭流速過快，奶嘴頭廠商通常會告知1分鐘10ml是正常流速，但是建議不管奶量多少，在新生兒時期，最少要吃15分鐘，最多不要吃超過1小時，也可同時保有奶的新鮮。而前述規則為適用3個月內的新生兒，如超過3個月後，有許多寶寶反而會希望縮短時間，有厭奶現象，此時反而要增大

奶嘴頭流速。

　　這邊指的新生兒吸吮時間15分鐘係指單單吸奶的時間，不包含拍嗝直立時間，當然也有人認為包含拍嗝直立時間，超過15分鐘是可以的，不過我覺得就我實際感受，如果是真的口慾強寶寶，還是要讓他本身吸奶的時間，超過15分鐘才能滿足他。

（二）如何知道奶嘴頭流速過慢

1、0〜4個月

　　如果您的寶寶吸吮時間超過40分鐘，且寶寶常常喝到睡著，要考慮奶嘴頭流速是否過慢。更換快一點的奶嘴頭須注意幾點：

　　（1）不要造成噴射型吐奶。

　　（2）速度不要快到小於15分鐘。

　　（3）奶本身不會從嘴巴旁側漏。

2、4〜8個月

　　特別是在接近4〜6個月時，寶寶常常會有厭奶現象，其中一個原因就是流速太慢，當您的寶寶單純吸吮時間就要30分以上，常常會造成孩子沒有耐心，加上寶寶這時視力增加了，如果吸奶時間拉太長，很容易後面想玩就不想喝了。因此可以小孩不嗆到造成吐奶的前提下，試看看換流速更快的奶嘴頭，依廠牌不同，大多會使用M〜L號，實際奶嘴頭流速還是要以您實測為準。

3、8個月以上

寶寶此時通常腸胃已經發展完成，都會漸漸希望在5～7分鐘「內」喝完奶，這時如果還用太小的奶嘴頭，寶寶當然會有厭奶現象，依廠牌不同，該月齡普遍都能用到L號以上，實際奶嘴頭流速還是要以您實測為準。

（三）圓孔vs十字孔？

圓孔會自己流出奶，十字孔要吸才會有奶。

因此圓孔對新生兒來說超不費力，十字孔普遍來講會很費力，大部分3個月以下的小孩都沒辦法吸十字孔，但也有例外的，例如流速快的牌子十字孔也是能吸，如果小孩十字孔吸得很順，應優先考量十字孔，有些孩子吸圓孔的奶嘴後，會吸到不肯吸安撫奶嘴，因為安撫奶嘴不會出汁。

四、清醒餵奶與餵奶間隔

新手父母最難分辨的，就是睡覺討安撫跟討奶的哭聲，因為一開始幾乎所有嬰兒都是奶睡，帶回來能夠越早將討睡覺及討奶的哭聲分開越好，常見的錯誤就是分不清楚只要哭就塞奶，造成頻繁餵食腸絞痛，或是胃食道逆流，一般而言滿月後瓶餵餵奶間隔不可低於2小時以內，最起碼間隔都要在2.5～3小時以上，親餵可能暫時還是2～3小時吃一次。假設上一餐有吃夠，離上次餵食只差不到2小時哭，請先不要

再餵奶，而是優先朝他想睡，或是有其他需求：太冷／太熱／尿布／身體不舒服等著手。

月齡還小（＜3個月）非厭奶期，如果發現餵食只有平常奶量一半以下，那就是討安撫而已，通常會發現孩子喝沒幾口就睡了，這就是奶睡，不但大人疲於奔命，而且喝奶還要拍嗝，對孩子喝奶完睡著沒拍嗝很危險，肚子也很容易有腸絞痛的情形，想要改善這現象，應徹底分開肚子餓與討睡的哭聲，且必須做好：孩子應清醒喝夠奶，這也是上述建議餵奶間隔的原因。

如果孩子目前正好在滿月～3個月且瓶餵者，還要注意合理的喝奶吸吮時間（10～25分）。其實這樣就是尚未穩定作息前的重要目標，能做到已經不錯，也正在為未來孩子學習睡眠打下重要的基礎了。

小祕訣：小孩喝奶喝到一半就睡著的喚醒方法

許多父母在餵新生兒常遇到一個現象就是很常餵到一半就睡著，在餵奶時就要注意，只要一有任何想睡的跡象就要叫醒，叫醒的方法有：

◆搔腳搔手

◆搔胳肢窩

◆濕紙巾

◆掀尿布

◆洗屁股

掀尿布與洗屁股的步驟由於餵奶時做，此時很容易吐奶，新手父母在操作時要很小心，您也可以找您自己叫醒的做法，在孩子月齡小於3個月時很不好做，但也不用要求太高，主要目的不讓孩子太安穩的邊喝邊睡，有在白天中斷他的睡眠，不要讓孩子以為是夜奶就可以了，再慢慢掌握清醒時間，讓孩子整段喝奶到拍嗝都能清醒的喝完，如果真的就是叫不醒，因為小孩睡眠週期只有30～45分，且前15分鐘為淺眠期，請觀察每15～30分小孩都會動一動，趁這時間最容易叫醒。

五、規律作息實作

掌握前述四點原則後，以下分述規律作息實作重點：

（一）第一階段（＜6周）：確實觀察記錄，滿月後抓出餵奶間隔、順序最重要

未滿月：只要觀察記錄，不用定時餵奶、無需規律作息。

滿月時：

（1）未住月子中心且觀察記錄有規律：開始嘗試固定2.5或3小時

歡迎加入
寶寶睡好覺

餵一次奶。

（2）住月子中心者：首先帶回家的前三天，可基於護士告知的資訊試看看孩子是否能達到，不行就改3小時餵一次，泡醫院建議的量，吃不完不勉強，護士很會餵，所以自己餵通常會剩，如果沒剩但吃很快，若很容易吐奶表示量太多了，這時則要看整體吸奶時間調整奶嘴流速，讓每段奶都喝順最重要，滿月以後，非親餵者，只要求3小時餵一次奶，有必要的話2.5小時也可以，不應低於2.5小時；親餵可能暫時還是2～3小時吃一次。

第一週剛帶回來，第一餐什麼時候餵無所謂，今天8點餵明天7點後天10點也沒關係，第一週先有間隔，奶餵的順最重要，並確認觀察記錄一週，至少三天。

這段期間我會帶入動作順序，例如每一段會是這樣：

1、叫醒準備喝奶。

2、換尿布。

3、餵奶、盡量保持清醒。

4、拍嗝直立15分鐘以上、盡量保持清醒。

5、哄睡直到下次餵奶時間。

基本上2～4步驟能清醒做完就是在為規律作息打基礎了，有確實做到也可以讓孩子分辨白天晚上，因為白天每3小時內就叫醒餵奶一

次，而且很確實保持孩子清醒，就是在想辦法讓孩子白天每段不睡超過3小時，這樣可以加速幫助孩子辨別日夜，擺脫日夜顛倒的問題。而晚上長睡眠夜奶時不必要求清醒喝完，開小燈喝完拍嗝直立15～30分鐘後放床。

（二）第二階段（>6周）：規律作息、調整餵奶間隔

做了幾天之後，再加上您的觀察記錄，您應該會開始發現有一定的規律，就算在完全不干涉的情況之下，您應該也可以感受到孩子，大概幾點到幾點睡最香，都吵不起來，那就是他的長睡眠期間，再請您觀察：

1、他在長睡眠前有什麼樣的特性，例如醒多久、會爆哭很難哄。

2、長睡眠時可以多久不喝奶。

3、長睡眠後起床是幾點。

約莫一週後，就由您觀察記錄的結果，順應寶寶的特性，開始著手安排您與寶寶合適的作息，一開始當然會沒辦法很準時，實際上請您也不用很緊繃，除了剛開始安排作息需跑看看是否適合您與寶寶外，作息的週期前後有半小時的彈性。

Step1：決定第一餐為幾點，根據紀錄及月齡合理規劃吃玩睡時間

在可以固定間隔時間餵奶後一週，根據這一週的觀察記錄，例如：得知寶寶大約每天早上6～8點會起床，此為依據寶寶的原有作息，再根據其他考量（如：其他家人的作息、之後送保母托嬰等），

歡迎加入
寶寶睡好覺

決定作息為早上7點開始，因此餵奶時間如下：

7-10-13-16-19-22-（夜奶：1-4-）

Step2：利用「讓孩子先睡一下再叫醒喝奶」方式，盡量接近餵奶時間點

很多人都會問3小時餵一次，可是因為打預防針等等原因跑掉怎麼辦？每天作息時間要差不多，可是每天早上清醒時間不一定，今天早上睡到7點，明天早上睡到8點，要怎麼調到每天接近一樣？因為夜奶不定時餵後到底要怎麼調回來？

可以利用下面的方式調整接近餵奶時間點：

（1）縮短：每2.5～3.5小時餵一餐

舉例來說，如果您上一餐7：00餵，9：30以後就可以餵，通常用於孩子已經清醒了一大段時間，根據該月齡最大清醒時間評估後，必須趕快餵奶。

（2）延長

同上例，如果你想10點餵，可以利用讓孩子先睡一下再叫醒喝，慢慢調回去。

（三）長睡眠前及睡前奶的作息安排

1、長睡眠前可以醒久一點

很多人都會告訴你，要讓孩子長睡眠睡得久的其中一個方法，就是讓孩子睡前吃多一點，因此會看到許多書上作息表都會排類似這樣

的作息表：

範例：7點開始，3小時一次餵食間隔，最大清醒時間1.5小時
7：00奶1
8：30～10：00小睡1
10：00奶2
11：30～13：00小睡2
13：00奶3
14：30～16：00小睡3
16：00奶4
17：30～19：00小睡4
19：00奶5
20：30～21：00小睡5
21：30奶6
22：30長睡眠開始

然而，這種作息孩子無法知道何時長睡眠要開始了，僅適用於2個月內還無日夜分辨跟睡得還不錯的孩子，2個月以後可以利用讓孩子在長睡眠前清醒久一點，讓孩子稍微醒久一點，幫助孩子盡速分辨日夜，這方法還要考量孩子的實際月齡狀況，也不能讓孩子累過頭，因此個人的計算心法如下：

（1）6個月以前：該月齡最大清醒時間＋0.5小時
（2）6個月以後：該月齡最大清醒時間＋1小時

舉例來說：

2.5個月，最大清醒時間理論值是1.5小時，那麼長睡眠前就可以醒2小時。滿6個月，最大清醒時間理論值是2.5小時，那麼長睡眠前就可以醒3.5小時。因此您會發現月齡小的時候，作息表的安排都是長睡眠前壓縮最後一段小睡的時間。

另外，有部分較重眠的孩子在月齡小於3個月以下時，即使長睡眠前仍只能醒1.5小時，需觀察孩子的氣質不要勉強。到了滿8個月以後，最大清醒時間已經來到3個小時，再加上1小時，已經超出孩子的用餐間隔時間，通常長睡眠前就沒有再睡了。滿10個月以後，午睡要很注意孩子的最後清醒時間，不要讓孩子超過下午5點了還在午睡，晚上當然很晚才睡。

2、睡前奶的時間安排

有些人知道了以上心法後，卻錯誤的安排睡前奶的時間，造成孩子要喝睡前奶的時候已經過累，沒有精神，最後沒有喝夠或是奶睡，要記得留下至少約0.5～1小時的清醒時間讓孩子喝睡前奶，假設最大清醒時間1.5小時＋0.5小時＝2小時，則長睡眠前清醒與睡前奶安排圖示如下：

<玩、洗澡> <睡前奶->

<-1 小時--> <-1 小時->

├────────────┼────────────┤

因此上述的作息表會變成下面這樣：

範例：7點開始，3小時一次餵食間隔，最大清醒時間1.5小時
7：00奶1
8：30～10：00小睡1
10：00奶2
11：30～13：00小睡2
13：00奶3
14：30～16：00小睡3
16：00奶4
17：30～19：00小睡4
19：00奶5
20：30～21：00小睡5
22：00～23：00睡前奶
23：00長睡眠開始

睡前奶預留時間的最佳做法是：喝奶＋拍嗝整段都清醒，拍完之後放下去做睡眠儀式睡覺時間剛好落於最大清醒時間～最大清醒時間＋0.5小時，依上例為22：30～23：00入睡。如22：00開始餵睡前奶若喝奶精神不佳或餵奶拍隔需要花比較久的時間，可更早一點開始餵奶，如21：30後就可以考慮餵奶，以讓寶寶盡可能可以清醒喝奶，喝完直立拍隔逐漸產生睡意後，通常很容易入睡。

觀念釐清：喝完睡前奶後的注意事項

在這樣的作息安排之下，理想狀況是喝奶＋拍嗝都清醒，而拍嗝一段時間後，可能會拍嗝拍到睡，還是要留意是否有確實拍嗝直立15分鐘以上，且不允許邊喝邊睡，也就是含著奶瓶或含著乳頭，這樣就叫做奶睡。

錯誤的處理方式就是很多人會告訴你，那就乾脆奶到睡著阿！這種方式久了會形成非常難以處理的不當睡眠連結，造成6個月後頻繁夜醒等問題。

也有可能當孩子喝完奶後不睡，或是好不容易拍到睡著了放下床又醒來，這時不用感到難過，這代表您必須往培養孩子其他正確的入睡方式著手，也就是正規的讓孩子學習不靠奶睡覺，可以自行安撫入睡，這樣才能真正解決睡眠問題。現在靠奶睡覺，只能短暫讓初期4個月內的嬰兒可以睡著，4個月後的嬰兒會開始變得很容易一清醒就又要靠奶睡覺，造成一個晚上醒來很多次的頻繁夜醒。

（四）夜奶時間不固定，接近早餐該怎麼餵？（減量餵法）

這個問題也是很常被問的地方，在4個月以下，夜奶如果您採哭了才餵的方式處理，通常都是到了固定餵奶間隔時間，例如3小時餵奶一次，就會剛好離上次餵奶3小時左右起來討奶，而且越到接近生理不需要夜奶的階段，會不固定時間起來討奶，這邊僅探討接近每天第一餐前的餵奶建議方式如下：

例如寶寶12週大、體重已超過5kg、白天餵奶間隔3小時，預計早上7點為第一餐，每餐奶量為140ml，採哭了才餵夜奶方式自然戒夜奶：

1、離第一餐差1.5小時以內：給安撫奶嘴，撐到7點或給當餐量，
　　7點那一餐直接不餵。

case1

早上5：30～7：00醒來的話，直接餵正餐的量140ml，到了7點不餵，後面的時間就如同上段調整餵奶間隔的做法，每段提前15～30分鐘餵奶再拉回原有作息。

2、離第一餐差2小時左右：給2/3～1/2的量

case2

上例假設5點起床，給70～100ml，只要能睡得回去就好。

3、離第一餐差2.5小時以上：餵當餐量

case3

上例假設4：30以前起床，給140ml。

以上方法是給月齡小（＜4個月）可自然戒除夜奶的建議方式，超過4個月以後通常為習慣性夜奶；超過6個月為習慣性夜奶，與入睡方式有關，不適用此方式，請朝改自行入睡下手。

（五）適合較大月齡（>6個月）建立規律作息的方式

上面的方式比較適合月齡小的，月齡小做規律作息是非常困難的，因為要讓孩子睡醒了之後就要馬上吃，月齡大的就不一定是吃玩睡，可能變成是吃玩睡玩吃，因為清醒時間拉長，要做到書上建議作息表相對簡單，通常做不到的原因變成是跟各種環境條件、大人的心態&作息有關。

觀念釐清：沒有規律作息就想要一招半式解決問題

有一次讓我印象深刻，看到網友PO文想戒奶睡，而其他網友建議先規律作息，結果他在他自己的文章底下留言，他都試過了我的方法但完全沒有用，又說：「幹嘛那麼規律作息，孩子又不是軍人又不是機器人，我的孩子到了7個月讓他早上睡到自然

醒就好」，殊不知所有的專業嬰兒睡眠書籍都說「規律作息」是在改睡眠之前一定要做到的基礎，結果這位網友到了7個月還連基本功：建立孩子的規律作息都做不到，也不知這就是為何無法戒奶睡的原因。

　　月齡大一點的孩子（＞6個月），因為清醒時間變長，喝奶的效率也變很高，平均30分鐘以內就能喝完奶＋打嗝，此時很容易達到吃玩睡，重點反而放在每天固定時間做什麼事，尤其是要遵守睡覺時間，也就是要固定時間送上床。還沒有規律作息者，直接參考孩子原有作息，再透過最大清醒時間計算，把吃飯時間、小睡、長睡眠時間固定下來，並且重視作息表。

　　不知道大家有沒有一個經驗，每天如果因為上班上學等因素，睡覺跟起床的時間是固定的，即使有一天放假不用再準時起床，身體到了那個時候還是會自然想睡跟起床，相反的，如果每天都很不固定，大前天10點睡、前天12點睡、昨天凌晨2點睡，那麼今天要10點睡著可能有點困難，到了6個月以後，其實孩子的睡眠生理發展上已非常接近成人，因此孩子也是有一樣的生理時鐘現象，這就是為什麼必須遵守小睡及長睡眠時間，以及規律作息的原因。與成人不同，孩子如無人教仍然不會自行入睡、銜接睡眠，所以才會頻繁夜醒，尋求相同的入

睡方式及環境；如要解決睡眠問題，必須要有規律的作息，把睡眠時間固定下來，才能教導孩子自行入睡及銜接睡眠。其實成人也一樣，如有睡眠問題，去看醫生也是會先建議要有規律作息，把每天入睡的時間點固定下來，這樣問題會容易解決得多。

觀念釐清：為何月齡大仍要遵守作息尤其是睡眠時間

承上一個觀念釐清內容，上述的案例為何會失敗，為何一定要先規律作息，雖然以此案例而言他的問題比較大的部分在於入睡方式，相較於作息層面影響更大，但因為超過6個月以上的孩子，很容易因為貪玩而不肯睡，尤其是沒有規律作息的孩子，媽媽往往只透過一些揉眼睛、打哈欠等訊號，把孩子送上床，沒有每天把睡眠時間固定下來，孩子的生理時鐘不一定，非常容易反抗不想睡，往往會鬧得很兇，媽媽又只好妥協哄睡。

透過觀察記錄及各月齡參考作息表，了解小睡時間、最大清醒時間、整體睡眠總和，透過這些數據，將您孩子原本的作息固定下來，

這邊提供一個簡單的方式：

Step1：先把每天早上起床時間點、晚上長睡眠時間點訂下來

例如您觀察孩子平均每天都會在7～9點起床，那就先暫時訂7點為起床時間，以孩子與您做得到的為主，健康足月出生的孩子，6個月以上可以不靠夜奶連續睡10小時，因此往前回推晚上必須9點睡著，預計晚上8點40分左右進行睡眠儀式送上床。

Step2：再安排小睡時間，小睡時間也必須固定時間點

小睡只能睡半小時者，可以先用原有的哄睡習慣延長小睡到1.5～2小時左右，不能只剩下半小時。等作息穩定了3～7天後，再改入睡方法幫助孩子學會自行入睡。

觀念釐清：常見的大人觀念影響孩子的睡眠

◆表訂7點為起床時間，因為大人賴床拖到8點（Ｘ）：請大人自己遵守時間，如果您想要孩子睡得好睡得多，大人也睡得好的話，好的睡眠是建立在規律作息上。

◆孩子的睡眠已經改善很多，因為大人需要時間讓孩子小睡超過2.5小時（Ｘ）：一般來說，等孩子學會自行入睡以後，睡眠會有大幅度的改善，連小睡1.5～2小時都穩定下來，這時您可

以再觀察孩子的精神狀況，微調作息測試孩子需要的最大睡眠時數，長睡眠是否真的為10小時？還是11小時？小睡是1.5小時？還是2小時或甚至2.5小時？等到您微調之後，就應該固定下來，而非因為大人要做家事等等原因而不遵守孩子的作息。

　　如果規律作息對您有執行上的困難，例如：工作、搬家、旅行、公婆照顧等，請您考慮可以接受溝通規律作息的其他照顧者，例如：請到府或在宅保姆、托嬰中心等，如果您有疑慮不願意請保母，個人也因一些現實因素無法親自執行，代為照顧者例如公婆長輩也無法溝通，就請您也只能接受孩子睡不好的結果了。

小祕訣：利用連假調作息

現代人幾乎都要工作，調作息有時候即使請保母或托嬰中心代為執行，也不保證可以做得到，筆者也非全職照顧者，我都是利用超過3天以上的連假來調整成想要的作息，例如：過年、清明連假等，除非保姆很會調作息，否則在上班日請保姆顧不會貿然請他調整。

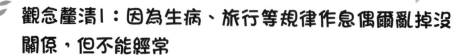

觀念釐清1：因為生病、旅行等規律作息偶爾亂掉沒關係，但不能經常

這部分很多人詢問，孩子如果生病、旅行當然規律作息有其困難，但只能偶爾為之，不能經常出現，就跟減重一樣，偶爾吃大餐當然沒問題，一週經常吃大餐當然會瘦不下來。

我跟先生都因為實施規律作息，在孩子1歲前沒有旅遊長時間出門過，幾乎都是打預防針等必要短時間出門行程，偶有2次外宿是因為家裡停電，那2次外宿時孩子因為不習慣，拖到半夜2點才用哄睡睡著，當下更加深我們夫妻寧願每天包含假日都規律作息，也不願意半夜起來哄睡的念頭。

觀念釐清2：1歲3個月以後就能當天來回旅遊出門

規律作息最麻煩的一件事情就是孩子1歲以內不太能出門，幾乎就跟長輩說的一樣：最好1歲內不要出門，許多同輩媽媽都不以為然，甚至以越小月齡出門為豪，然而我跟先生都很喜歡這個習俗，因為我們不用再跟很多人解釋，而且還沒1歲很多預防針都還沒打完，減少出門也可減少孩子在公共場所感染病毒細菌的機會。

歡迎加入
寶寶睡好覺

短時間的出門例如買菜、在家附近散步等，可以在孩子清醒時出去，6個月以後就有每段2小時左右的出門時間，只要在要小睡時間前回到家放上床即可。

很多人問說：這樣很悶阿！其實在孩子超過1歲3個月會走了之後，最好是可以每天出門消耗他的體力，晚上才會睡得好，到了這時您如果體力沒問題，讓孩子在車上午睡都可以，這樣就可以出門旅遊，不過此時大人通常會很累，反而開始希望可以回到家的床上好好睡個午覺。

第三章
戒除夜奶方式

第一節 基本觀念

　　自從生小孩後同事朋友最常問的一句就是：「半夜還要起床餵奶嗎？」就知道餵夜奶這件事，在新生兒的第1年有多令人印象深刻，許多媽媽會告訴你，戒夜奶很難，不乏8個月才戒夜奶，2歲以上還在夜奶；也有媽媽會告訴你，戒夜奶很簡單，我孩子2.5個月就沒有夜奶了，但4個月或6個月後又走鐘了；婆婆媽媽家人同事也都很關心「戒夜奶」這件事情，搞得不少媽媽壓力很大，整天把重點擺在「戒夜奶」上，到處上網看斷章取義，變成不正確的偏方東試一個西試一個，試了很多偏方後都沒用，索性放棄，上網互相安慰取暖想著反正長大就會好了，這樣是很可惜的，因大部分的媽媽只把重點擺在「晚上戒夜奶」，卻不知真正的戒夜奶是有一個程序的：

　　規律作息→自行入睡→戒夜奶

　　觀念正確的話，健康足月出生的孩子，平均可以在滿4個月時，長睡眠完全無夜奶，且從此之後再無夜奶，而戒夜奶成不成功，是擺在「白天」做了什麼事情，而非把重點擺在晚上。白天亂七八糟隨便養沒有規則，自然孩子沒夜奶根本是天方夜譚。許多人因為工作等關係將孩子託給他人照顧，若與白天的照顧者溝通不良，白天亂成一團，

那麼晚上再怎麼努力都是沒有用的，因此以下論述基本觀念：

一、夜奶的定義

每個人對於夜奶的定義不一樣，有人覺得6～8小時不用喝就算，有人覺得長睡眠（滿10小時）都不用喝才算，本書的定義是後者。

觀念釐清：夜奶就是長睡眠起床喝奶吃東西

夜奶有很多形式，以下在個人定義都是夜奶：

◆一個晚上醒來吃媽媽的奶頭很多次，需要再奶睡回去。

◆白天媽媽餵，半夜換爸爸餵：親愛的媽媽，就算是爸爸餵的也是夜奶喔！

◆半夜用奶瓶喝米糊或奶＋米糊。

◆半夜用奶瓶喝糖水。

簡單來說，半夜起床吃／喝東西，就是夜奶。

二、正常可以戒夜奶的月齡

正如同上面對於夜奶定義的不同，所可以達成的時間點也不一

樣，以下建議方法建立在：

1、足月出生，非早產兒，醫生沒有特別建議，沒有特殊疾病

2、大於5公斤者

觀念釐清：健康足月出生大於5公斤才可以戒夜奶

新手父母常常搞不清楚狀況，還沒滿月就問戒夜奶的細節（Ｘ），以下這句要念10次，很重要：**沒有5公斤，不可以戒夜奶**。為什麼特別強調這件事情，因為這是性命攸關的事情，很多父母以為孩子肚子餓就會自己起床，殊不知孩子可能會低血糖就再也醒不來了，切記！

參考許多育兒書籍及個人心得，大睡長睡眠可連續不喝奶的最快達成月齡如下，請注意勿讓月齡過小的寶寶太久不喝奶：

1、未滿月：有需要就可以餵，為避免低血糖造成危險，至少一定要在4小時叫起來喝奶。

2、滿月後～6週：可睡4小時不喝奶，超過就可以餵。

3、6週～2個月：隨著月齡增加可漸漸睡4～6小時不喝奶，超過就

可以餵。如規律作息已建立並穩定，滿2個月通常可6小時不喝奶。

4、2～4個月：隨著月齡增加可漸漸睡6～10小時不喝奶，超過就可以餵。要達到10小時一覺睡到天亮者，如規律作息做得好，通常約4個月可達成。

5、4個月～：隨著月齡增加可漸漸睡10～12小時不喝奶，如做不到而頻繁夜奶，多與無法自行入睡及銜接睡眠有關，要達到12小時一覺睡到天亮者，約6個月可達成。

觀念釐清：勿要求孩子生理做不到的事情

上面的數據是告訴您「平均可以達到的月齡」，亦即假設您的月齡尚未達到，請勿要求孩子做生理做不到的事情，例如：您的孩子目前6周，可睡4個小時不喝奶，要求孩子8小時不喝奶大部分的孩子是做不到的，因此假設孩子已經連睡4小時沒喝奶了，超過4個小時以後大哭討夜奶，就應該直接快快餵快快睡，不要再用奶嘴或其他方式拖延，只是讓雙方都很累；若您的孩子目前剛滿2個月，可以連睡6個小時不喝奶，但是要讓孩子整晚都沒喝奶，平均也要3～4個月才做得到，也就是說，滿3個

月前，至少會有一次夜奶，超過6個小時以後，孩子大哭要喝夜奶，不要再用奶嘴等方式拖延，快快餵快快睡。

但是，假設您的孩子已經滿月，非猛長期，2小時內已經餵了一次夜奶，這時再醒來，您可以朝不是要喝夜奶、而是往銜接睡眠等其他方向思考。

以上這些明白的告訴您，4個月左右可以自然戒夜奶。什麼是自然戒夜奶？就是不用讓孩子哭很慘，不用一些極端的方式戒除；事實上常見的表徵，孩子會自動忽略那餐，不會哭著討吃。接下來這句話也很重要，請記得：**健康足月出生，滿6個月後可睡滿10小時不喝奶。**

這句話明白的告訴您，滿6個月還有夜奶是行為問題，通常是照顧者心態問題，因為照顧者始終誤會孩子還需要喝奶，還會肚子餓，造成的6個月後習慣性夜奶，因此4～6個月是戒夜奶的最佳時機。

觀念釐清：健康足月出生，滿6個月後可睡滿10小時不喝奶

例如教孩子自行入睡及銜接睡眠這件事情，3～6個月就可努力

教會，最好的時機是3-4個月，最晚不要超過6個月。許多父母太早教，還沒滿6週就教，讓自己非常累，方法當然幾乎沒有用，就放棄以為一直都沒有用，等到6個月問題變嚴重，只能上網討拍。6個月後，可自行入睡孩子的父母可以專心面對副食品及教養問題，孩子本身睡眠品質好精神好，問題自然少；8個月後還需要夜奶及頻繁夜醒的父母，則還得處理夜奶問題；甚至拖到了1歲，還得加上留意牙齒健康。

孩子早就可以了還不教，這是溺愛。有些人甚至被別人提醒早就不需夜奶時，還拼命拿文獻、拿孩子氣質當藉口，其心態與他們覺得固執難溝通的長輩其實相去不遠。

三、各種戒夜奶的錯誤偏方

（一）讓孩子大哭20分鐘以上就可以戒夜奶（╳）

需判斷孩子的哭聲，如果孩子真的餓了還是要餵，但隔日請朝增加白天熱量／睡前熱量方向修正，請參考前述月齡建議，勿強迫孩子做他生理無法做到的，超過6個月以上請全盤檢討，導入規律作息→自行入睡。

如果判斷孩子的哭聲是討睡，則需練習自行入睡或哄睡。對新手父母最難的，要分辨這個哭聲，是銜接睡眠的不順討哄睡，還是真的

肚子餓。仔細記錄並辨別孩子的哭聲。

（二）餵糖水、餵水、睡前奶泡濃一點（X）

新生兒＜6個月，請勿亂餵非母奶、配方奶以外的食物，包含水勿亂餵，衛教都有教，任意更改奶粉濃度更是不可取的行為。

（三）白天不讓孩子睡覺、讓孩子睡很少（X）

常看見一種錯誤就是為了戒夜奶，新手父母竟然交代保母，讓4個月以下的孩子白天只能睡很少或不睡，真的是大錯特錯！這是對於孩子的睡眠一無所知。4個月以下的孩子白天總小睡時數約需要5～6小時，分成3～4段小睡，過累會造成孩子不易入眠、更頻繁夜醒。

（四）讓孩子晚睡以為孩子會晚起（X）

另一種常見錯誤就是誤以為讓孩子12點睡，就會睡到隔天早上6點以後；滿3個月以後，對大多數的孩子來說，晚睡還是會早起，更何況晚上10點到半夜2點是人類的修復成長黃金期，請勿讓孩子熬夜。

四、真的可以自然的戒夜奶？

當然可以，規律作息做到，4個月以前，隨著孩子散發的不需夜奶訊息，孩子自然不會討。所以大人必須要學習判斷喝奶、半夜說夢話、銜接睡眠不順的哭聲，才不會因為錯誤判斷給奶，搞到6個月以後變成「習慣性夜奶」。

要自然做到，且永不再夜奶走鐘，真正戒夜奶，讓孩子哭最少，沒有特效藥萬靈丹，只有依照下列流程：

規律作息→自行入睡→戒夜奶

觀念釐清：為何一定要規律作息→自行入睡→戒夜奶，才會真正戒夜奶

當您成為新手父母正高興孩子在2個月不喝奶連睡6小時，有許多媽媽會告訴你別高興得太早！因為到4～6個月會走鐘。筆者2個孩子都從未走鐘過，輔導過許多個案，只要一旦學會自行入睡及銜接睡眠，就再未走鐘過，道理很簡單：

人類睡覺會有睡眠週期，睡眠週期間的銜接，如果孩子自己可以安撫睡回去，就叫做可以自行入睡及銜接睡眠。

如果孩子睡覺始終要靠大人，就不是自行入睡，孩子不會說話，大人半夜亂猜以為孩子肚子餓而餵奶，時機一過就變成習慣性夜奶，當然會走鐘。所以只要學會自行入睡及銜接睡眠，戒夜奶自然水到渠成，您根本不必花心力在「戒夜奶」上，不必上網找一堆偏方。不過要學自行入睡跟銜接睡眠，先決條件要有規律作息至少已經穩定一週以上，因此才有這個定律。

五、準備工作之一：尿布

切記戒夜奶的重點：睡覺最大，所以除了睡覺，任何事情包含換尿布盡量不做，不過如果有紅屁股情形，醫生建議要常換尿布，可嘗試下列方式：

1、睡前2餐改配方奶

2、練就輕手輕腳換尿布絕招

3、不在銜接睡眠期間換尿布

六、餵夜奶請開小燈

不玩不說話不眼神交流，餵完拍嗝直立後放回床上，勿開大燈。

另如果孩子醒來不是大哭要喝奶，而清醒時間還沒到，最好的建議是不要理他裝睡讓孩子在床上，如學會自行入睡的孩子會睡回去。

七、有關喝奶奶量及熱量

請記得月齡＜6個月時，喝奶奶量熱量與睡覺有不可分的關係，尤其是如果熱量不足，半夜一定會討奶喝，因此作息表、餐數奶量有非常重要的關係，任意減少餐數可能會導致熱量不足。月齡＞4個月以上則要考慮副食品，如已經規律3小時作息1次，每餐奶量仍高達200ml以上，則需開始考慮加入副食品。

歡迎加入

寶寶睡好覺

八、排除環境問題

例如有蚊子加蚊帳（注意安裝避免砸傷或零件掉落有窒息危險），太冷開暖氣，太熱開冷氣等。

九、常見問答篇

Q1：新生兒睡覺扭來扭去還會大叫，是不是要喝奶了？

A：新生兒睡覺不會一動也不動不發出聲音，很安穩的睡著，哭也不一定是要喝奶，有可能是過累或銜接睡眠，另外新生兒在6個月以前因為腦神經尚未發育完全，所以即使已經不用夜奶可以睡過夜，仍然還是會有聲音不會很安靜的睡，可能會常常突然間哭幾分鐘或叫幾聲，因為他們的睡眠模式尚未接近成人，不過這個現象等發育建全後（大約6個月，最晚8個月），會明顯改善很多。

Q2：戒夜奶好殘忍？

A：為什麼一定要戒夜奶？還不是大人覺得辛苦？當然如果您覺得不辛苦，餵夜奶後您還是可以馬上睡著，有這樣好睡的體質，我想夜奶始終對您不是問題。其實有沒有戒夜奶對您不是很重要，站在大人的立場想那夜奶不是問題，但是如果大人睡眼惺忪，或是小孩明明就很大了，1歲以上還在喝夜奶，您若不覺得辛苦，請站在小孩的立場想長牙後，接踵而來的可能就要注意小孩吃完夜奶後，要幫他清潔牙

齒，避免蛀牙問題。

Q3：我不能等到小孩生理準備好了，例如6個月以上再來戒夜奶嗎？

A：當然可以，只是您可能會面臨到一個問題就是「習慣性夜奶」，當4個月以上如果您給予他的夜奶是超過他生理需求的，也就是他明明不需要您卻給他，他醒來可能只是銜接睡眠不順等等，那麼之後就會變成習慣性夜奶，甚至會變成銜接睡眠都需要奶睡，此時要改掉就會變成非常困難。

大部分的孩子在6個月以上（足月出生，非早產兒，醫生沒有特別建議，沒有特殊疾病），都有能力連續10個小時不喝奶睡覺，希望您能夠仔細觀察，孩子釋放出想要不喝夜奶的徵兆，多留心觀察孩子的哭聲，不要誤會孩子晚上銜接睡眠不順哭聲，是肚子餓想要喝奶，幫助孩子在他想要改掉的時機，幫助他渡過這個階段。

至於孩子最快能達到的月齡前面也有提到了，就算全部都做對了，戒夜奶的參考月齡（假設長睡眠安排10小時）：

1、半夜吃2頓：1～2個月

2、半夜吃1頓：2～3個月

3、完全無夜奶10小時以上：約4個月

所以麻煩請父母親不要要求孩子做生理無法達到的事，6個月以下，在孩子還沒散發出可以戒夜奶的訊息徵兆時，不需要特別去戒，

歡迎加入

寶寶睡好覺

如果您想要讓他趕快自然戒夜奶，請先專注於白天規律作息這件事情上，戒夜奶自然水到渠成。

Q4：聽說總熱量不足也會夜奶，要如何判斷？

A：沒錯，總熱量不足也會夜奶，而且好發於原本不用夜奶，後來要夜奶的孩子身上。

現在來探討如何計算，沒有吃副食品的奶量公式：

下限：體重*100ml低於這個以下會脫水

基本熱量：體重*120ml很像成人的基礎代謝率

建議食量：體重*150ml就是建議的奶量公式

註：上述體重單位為kg

假使一天的總奶量沒有達到，那麼孩子當然會夜奶，因此當你發現小孩一天吃5餐，每一餐已經要吃到180以上，一天總奶量已經逼近900～1000ml，就是要加入副食品的時候，唯有副食品才能讓他吃飽。副食品的消化時間是5.5小時，也就是餐與餐間隔要5.5小時，越固體的食物越需要接近這個時間，中間不代表不需進食，仍可以2～3個小時給奶或果汁或點心，月齡小（＜1歲）點心我會給奶，因為又能補充水分跟熱量，通常1歲以上，可以開始改成給果汁及點心，端看每個人對於副食品的觀念而定。

以上這些數據都是一個平均大概值，相信各位聰明的照顧者們都

知道，孩子有天生吃比較少，需要比較少燃料就可以生活的，有天生就需要比較多燃料才能生活的，肚子餓的狀況也會跟胃容量有關，切勿過度餵食，而是要導入副食品。

Q5：承上，請問6個月以下厭奶怎麼辦？

A：因為厭奶所以只能很勉強達到低標，難道就只能夜奶嗎？基本上厭奶有厭奶的解法，最根本的思考邏輯就是，媽媽應視為是正常過渡時期的生理現象，思考因應的解決方式，一些參考解決方式如下：

1、換流速大一點的奶嘴頭

2、換個人或換個方式餵

3、拉長餵食間隔為4小時

4、如果是手腳揮舞影響，用肚圍固定或用您的手及雙腳夾住固定

5、如果晚上夜奶吃得很好，故意將白天喝奶的環境弄得跟晚上一樣，安靜、開小燈，但喝完奶馬上打開。

6、超過4個月以上可以餵副食品，且先餵副食品，不可先給奶。

通常厭奶是因為喝很久同口味的東西，孩子會膩，就跟孩子會厭食一樣，孩子是一陣子愛奶一陣子愛副食，把這個當自然現象這情形會比較快渡過，不要有壓力因為孩子也會感受到。

4個月以內：自然戒夜奶

有很多父母想著戒夜奶，但其實正規的過程是這樣的：

規律作息→自行入睡→戒夜奶

您常常看到有很多人說沒做什麼事情，2個月就沒夜奶但4個月又走鐘，直到1歲多都還要夜奶，這就是沒有讓孩子真正學習睡眠的關係，另外常見的錯誤就是只想著戒夜奶，看看上網求救能不能得到一招半式，其實在4個月前只要把重點擺在規律作息，夜奶就會自動隨著孩子的生理發展到了而自動省略，但您要學會如何判斷孩子肚子餓，還有最重要的，孩子散發省略夜奶的訊息。

這一節的步驟程序僅適合4個月以內可以自然戒夜奶的，大一點已經4個月以上就不適用了，自然戒除夜奶必須看懂孩子省略夜奶散發的訊息，過程現象分述如下。

一、半夜肚子餓的訊號

餵奶間隔過了，例如：離上次餵奶3小時或4小時後，有些孩子會大哭，但大部分的孩子會突然非常躁動，且您用奶嘴他可能吃了會睡回去，但半小時1小時後又一樣躁動，這就是肚子餓請直接餵奶，不要

再用奶嘴了，趕快餵趕快睡吧！這時不要想著戒夜奶，夜奶一點也不可怕，通常3個月前不太會有頻繁夜醒這現象，如已經進入深睡，會持續躁動多半是真的肚子餓。

當1～2個月離上一餐4小時以上、2～3個月離上一餐6小時以上，如果孩子出現上述那種躁動的現象，還不餵讓孩子一直大哭，就極有可能大清醒了，如果您希望他繼續睡，您可能就要設定鬧鐘在睡前奶後的上述時數後餵奶，或觀察孩子在超過上述時數後，是否有肚子餓的訊號趕快餵，每個孩子的氣質不一樣。有些孩子甚至您放到他一直大哭的討奶，吃完會整個完全清醒。這也就是一再強調觀察記錄的重要性，我家二寶就有這個特性。

觀念釐清：需辨別是否為深睡肚子餓或日夜顛倒

如果深睡會躁動是肚子餓，但在一開始的3個月內，如果您發現白天睡很好、晚上頻繁夜醒甚至就不睡起來玩了，這時就是日夜顛倒，孩子把晚上當成白天小睡，自然睡的不安穩，這時的哭就不一定是肚子餓，可能是銜接睡眠不順討安撫，請先解決日夜顛倒問題。

二、如何辨別孩子省略夜奶的訊息

（一）孩子沒有大哭或躁動但可以睡回去

沒大哭或躁動但可以自行睡回去，您為何要叫醒他喝奶呢？但醫生有交代除外。

（二）孩子有大動嘴或哭，您起來餵奶發現吃不到一半的量

例如上次餵奶為3小時以前，孩子哭了您起來餵奶，本來一餐都可以吃到120ml，結果怎麼努力吃不到60ml就睡了，也叫不起來了，連續2～3天都這樣，那就表示這頓判斷錯誤，就代表這頓可以試試看省略。

（三）承上，雖然有吃完但早餐吃不到一半的量

例如您5點餵奶雖然吃了當餐量120ml，但表定早餐8點只吃50～60ml，連續2～3天都這樣表示5點的奶漸漸不需要了，可用減量法，也就是隔天少一半60ml讓他吃，只要睡得回去就好，早餐還是吃不下就可以大膽把5點這餐省略看看。

三、正確的戒夜奶2種方式：大哭再餵／減量餵法

上述二、（一）提到肚子餓大哭再餵，比較自然但不容易判斷；另外有一種方式是減量餵法，每天定時設鬧鐘起床，每天減少一點餵，只要求能睡回去就好，您可以都試試選擇適合您孩子的方式，通常不會只有使用一種方式，我的做法是2種方式搭配著做。再提醒您一

定要多觀察記錄，特別是記得孩子的哭聲跟你的處理方式，孩子半夜討安撫／餓的哭聲基本上會不一樣，學會辨別才能真正幫助孩子自然戒夜奶。

觀念釐清：夜奶自然戒除之減量餵法

許多媽媽常分享在2～3個月時會自動戒夜奶，此時的自動戒夜奶姑且稱之為假象性的戒夜奶，還不算是真正戒夜奶成功，因為您的孩子尚未學會自行銜接睡眠。

戒夜奶有很多方式，其中一個方式是減量餵法：固定時間餵奶，但每天都減少量，這個方式僅適用於：孩子生理上已經準備好了，這是什麼意思呢？可能包含下列跡象：

1、戒夜奶的參考月齡（假設長睡眠安排10小時）：

（1）半夜吃2頓：1～2個月

（2）半夜吃1頓：2～3個月

（3）完全無夜奶10小時以上：約4個月

若您的孩子已經大於該月齡。例如您的孩子已經滿3個月，這時晚上卻還要2頓夜奶，那麼可以試試減量餵法。

2、您的孩子已有上述二、（二）的散發戒除夜奶訊息：

也就是說您的孩子已經告訴您他生理準備好了，不需要這頓夜奶了，這時才是使用減量餵法的方式幫助孩子戒夜奶。假設孩子才滿月，已經連睡了4～5小時起床大哭要喝夜奶，這時孩子根本還未準備好，貿然使用減量餵法，只是讓孩子提早起床，徒增自己的困擾而已。

四、接近起床那一餐如何處理？

　　規律作息做得好，奶都有吃夠，自然就會最後減到最接近早餐的一餐，如果您發現有下列徵兆，表示這一餐夜奶也可以慢慢戒除：

　　1、早餐吃很少或吃不下：比如說每餐都吃120ml，突然只能吃
　　　　60ml以下。

　　2、當餐叫不起來吃奶

　　3、當餐夜奶吃很少

　　請搭配以下自然戒夜奶的方法：

　　◆準時餵奶，減少當餐量

　　比如說本來吃120ml，一兩天減成80ml，再一兩天減成60ml，慢慢減成0，只要孩子能睡回去就好

◆給奶嘴

如果當餐量吃很少，可以試著給奶嘴度過

◆等小孩大哭才給奶

請計算到下一餐的時間，再給奶量，例如表定9點起床，但7點起來討奶，每餐奶量120ml，則給60〜80ml，如早餐還是吃不下，隔日再減量。那8點起床討奶呢？可稍微拖延時間合併給當餐奶量，早餐則直接叫醒不吃。

五、綜合實作範例

表定8點起床，採用讓孩子大哭才餵奶的方式，如果6點或7點起床應如何是好？

A：如果您採取的是孩子大哭等待一段時間，確認肚子餓才餵奶的方式來戒夜奶，當您接近2.5〜4個月時，您會面臨到接近早餐那頓的判斷處理，處理的方式：減少奶量，早餐還是餵當餐量

假設您瓶餵，且3小時喝1次奶，每次喝160ml表定8點起床，6點起床您就餵160*2/3＝大約100ml，7點起床您就餵160*1/3＝大約60ml（通常我的計算方式是這樣，會多加一點點，目的是讓孩子有墊肚子可以睡回去），這時還是跟處理夜奶一樣，開小燈拍完嗝放回去睡，8點就叫起床。如果您光是做完餵奶跟拍嗝的程序就要快1小時，沒什麼讓孩子睡了，那麼7點起床您就直接把當餐的量160ml餵完，8點就不餵了，

之後規律作息時再利用半小時的緩衝時間，讓孩子提早半小時喝都沒有關係，假設您這樣餵了，孩子當天早餐那頓還是吃的很好，那麼就是孩子還是需要接近早上那頓奶，請您再持續觀察1～2周，等到一有出現早餐喝不下或喝不了太多奶，那麼就是這頓奶開始可以省略的徵兆，您可以再把量減少，只要孩子能睡回去就可以了，如果量少到很多（例如＜60ml）就能睡回去，可以直接大膽的省略或想其他的安撫方法讓他睡回去就好。

第三節 清晨五點容易醒

在戒夜奶或孩子長睡眠的過程中，常常碰到孩子凌晨3〜6點容易醒，統稱「寶寶五點容易醒」現象。很多人會問：前面夜奶已經沒有了，可是接近5點時會起床，這頓夜奶要怎麼戒？

通常有規律作息的孩子，前半夜的夜奶很快就會自動省略，但隨著月齡接近2〜3個月在規律作息建立後，通常會發現孩子很固定在5點左右起床，這時候頗為尷尬，因為距離上次喝奶非常久了，到底要不要給奶實在是非常難拿捏，如果您此時給奶孩子一定會喝，因為他其實肚子空空如也，但大部分的孩子接近4個月時且每天有攝取足夠的一日基礎熱量，都有能力繼續再睡回去直到您表定的早餐時間（上午6〜8點），不過您表定的早餐時間是9點之後就會比較困難。

觀念釐清：5點醒來如果能配合亦可當起床時間

其實寶寶五點容易醒來是因為人類的自然生理機制，在古早農業社會，日出而作日落而息，是最適合人類的生理時鐘，只是

歡迎加入
寶寶睡好覺

現代人作息較晚起，要叫媽媽5點起床，多半無法配合，能做得到的，多半是老人家。

筆者有一個同事就是由長輩帶小孩，對該長輩來說5點起床弄孩子是非常簡單容易做到的事情，所以他習慣讓孩子5點起床，傍晚6點就睡覺，這個孩子發展非常好，男寶在11個月就能走路，10個月開始就能用單音表達喝奶跟不要。

很多人習慣半夜12點後才讓孩子睡，一起睡到早上10～12點，甚至還以此沾沾自喜，認為孩子能配合大人晚睡晚起，一起吃早午餐，這樣才是快樂育兒，然而這對孩子不管是腦部還是身體發展都是非常不好的行為，要知道人類晚上10點～半夜2點是修復的黃金期。要5點起床實在是有難度，因此也只能使用一些方法調整到7～8點，月齡漸大要超過9點之後就會比較困難，也不建議如此，因為這樣代表前一晚孩子大概11點左右才睡覺，甚至更晚。

一、「寶寶五點容易醒」現象的原因

因為長睡眠睡眠週期的關係，寶寶在入睡後的前6小時深睡，這期間中間會淺眠一次，但容易睡回去，在入睡6小時後，通常接近半夜3點至清晨6點間，進入頻繁睡眠銜接轉換的階段，這2～3小時內會容易

清醒，如孩子沒有自行銜接睡眠的能力，就會容易大清醒起來玩。

二、測試方式

您要確定寶寶清晨3～5點起來，到底是真的肚子餓還是「寶寶五點容易醒」現象，有幾種測試的方式可供參考：

◆故意3～4點起床叫他喝：

看看5點還會不會再起床，如果還是會就是所謂的「寶寶五點容易醒」這個現象。

◆塞奶嘴看能不能睡回去

◆故意餵奶，看看早餐會不會喝得下且喝到一餐的量：

通常如果他5點需要那頓奶，他早餐還是會喝得下，但如果他不需要，早餐就會喝得比較少或是索性跳過繼續睡。

三、處理方式

處理方式的中心思想就是「要再睡回去」，而且這次的難度更高是要肚子餓的時候睡回去，跟成人一樣，以下幾種方法可以搭配使用，幫助孩子學習肚子餓睡回去：

（一）加裝遮光窗簾

首先光線是非常容易影響睡眠的因子，成人也一樣，床最好不要接近窗戶，否則要加上遮光窗簾。

（二）裝睡不理他

中心思想就是「要再睡回去」，如能自行入睡的孩子會再睡回去。

觀念釐清：教孩子睡回去而非陪他玩

有許多媽媽常常詢問，半夜孩子醒來就是不肯睡，不理他會哭，餵奶也不會睡，就是想玩，陪他玩就不哭了。沒錯，孩子的需求就是半夜起床想玩，但聰明的媽媽們，您面對這樣的需求，是選擇半夜犧牲睡眠陪他玩，滿足他不合理的需求，一日復一日培養他「半夜醒來不必睡覺，我想玩媽媽就可以陪我玩」的習慣，還是教他「半夜如果不想睡，你還是必須躺在床上自己玩累睡回去」，我想這個問題只要不是想寵壞孩子的媽媽都會選擇後者。

可以有很多選項，從想辦法哄睡讓他睡回去，或不理他等一段清醒時間後他開始鬧再開始哄睡讓他睡回去，但絕非遇到夜醒就是「優先想到給奶」、「塞奶就對了」，或是「孩子想玩我只好陪他玩」，會有這些作為，表示其育兒沒有方法，也就是無規則教養，被長輩或其他人說「媽媽不會教」，的確這種媽

媽只憑不正確的直覺育兒，長輩他人也只是實話實說而已。

但這絕非叫我們要成為一個虎媽，不管孩子的月齡狠心訓練孩子生理做不到的事情，或是把睡眠與訓練「獨立」扯上關係，睡覺這件事情跟孩子獨立沒有關係；排除生理做不到以外，我們是要「引導」孩子「學會睡覺」這件事情，使用過於偏激的方法或是像上述塞奶陪玩的寵溺媽媽都是不恰當的行為。

（三）先哄睡銜接睡眠，白天持續練習自行入睡

在還沒有學會自行入睡的孩子，遇到這個現象，可以先用原先的各種哄睡方式，幫助孩子先習慣這時間就是要睡回去，接著再搭配白天盡快讓孩子練習自行入睡，這樣才能真正解決此現象。

醒來一陣子之後自己玩一玩會哭，這現象就是在告訴您，孩子還想再繼續睡了，請您一樣先用習慣的哄睡方式幫助孩子先睡回去，在白天多練習自行入睡。或是您也可以利用銜接睡眠中的做法，在孩子快醒之前就先哄睡銜接睡眠，這些目的都是為了教孩子先習慣「這段時間要繼續睡覺」，等孩子已經習慣這段時間就是睡覺後，在白天多練習自行入睡，等孩子能自行入睡後，就會如同上段一樣，您可以裝睡不用理他，孩子會自己睡回去，這才是真正將這問題解決的方法。

第四節 4個月以上的頻繁夜醒及夜奶

有很多人養到4～6個月後，發現以前孩子都睡得很好啊，很早2個多月就沒有夜奶了，為什麼突然到4～6個月以後，變成一個晚上醒來好幾次甚至大哭的孩子，媽媽都快崩潰熊貓眼了，到底要怎麼辦？不是有人跟我說孩子6個月以後，就會有自己的作息了？為什麼不是這樣？聽說長大就會好了真的是這樣嗎？

健康足月出生，滿6個月後可睡滿10小時不喝奶，這句話是經過研究指出，然而事實上有很多孩子都做不到，甚至拖到2歲以後還是做不到，到底是差在哪？是孩子的天生氣質嗎？

一、前言

在講這些原因及方法之前，我必須要說明一個事實，最困難的，就是要扭轉照顧者的想法，要說服照顧者「孩子早就做得到了」是最困難的部分。

基本上養育孩子到4～6個月了，想必照顧者自己也有許多心得跟看法，加上一些媽媽朋友各種派系不同的意見，單憑書上或是網路上

的一些文章，要說服您改變作法也是有些困難的，正如同我在《每個孩子都能好好吃飯》一書中，很驚訝這本書有2/3的篇幅，在教爸媽改變自己對於食物的觀念，剩下1/3才是教你如何教養，書上也提到要改變爸媽的想法，才是最困難的。

本節重點在於利用4～6個月期間，漸進式引導寶寶解決頻繁夜醒與夜奶問題。

只要白天已攝取一日所需的基礎熱量，筆者目前看過「所有的」（目前看過沒有例外）專業講述嬰兒睡眠書籍都提到：「健康足月出生，滿6個月後可睡滿10小時不喝奶」，儘管這句話擺在這邊，但仍然有許多媽媽不願意相信，因此先花一段篇幅來探討常見且似是而非的網路謬論。

（一）「我的孩子一定是半夜肚子餓」、「半夜肚子餓不能喝奶好可憐」、「孩子就是半夜要喝奶我沒有辦法」

再重申一次，除非醫生有交代，否則「健康足月出生，滿6個月後可睡滿10小時不喝奶」，孩子到了6個月以後，因為大人不懂得睡眠理論，不知道孩子是銜接睡眠不順，因為喝奶可以睡回去，久了之後就每次夜醒都讓孩子喝奶，殊不知孩子每天的食量都是固定有限的，孩子會去平均分配食量，不會讓自己肚子餓，也不會讓自己吃超過的奶量，因此，在6個月後還有夜奶，孩子就會分配食量，把白天該吃的留到晚上吃，反正晚上還有奶可喝，故頻繁夜奶將導致孩子白天奶不認

真喝、副食品也吃不好，不懂此道理的父母認為自己孩子是三口組、厭奶嚴重、半夜頻繁夜醒，養到「高需求寶寶」，歸咎於孩子的氣質。

孩子明明有能力，生理做得到，做父母的卻不要求，把自己得過且過的教養態度再歸咎於孩子的氣質，再找這些似是而非的藉口，實非身為父母應有的態度。

觀念釐清1：習慣性夜奶vs真的肚子餓的差別

習慣性夜奶就是前面4個月都以塞奶或餵奶當作半夜哭醒的處置方式，在4個月之後就會非常容易形成習慣性夜奶，最大的差異就是習慣性夜奶會固定於某個時間點起床，而還沒有規律作息的孩子，會固定於睡覺時間的某個小時後起來討夜奶。

舉例來說：曾在網路看到某個網友媽媽始終不願意規律作息，到了7個月還說不出有什麼規律可言，孩子夜醒討奶非常多次，仔細觀察記錄會發現，長睡眠開始後的第3個小時會起來一次、第6個小時再起來一次，再來第6～9個小時中會每1～2個小時起來一次，這也是習慣性夜奶，因為此案例媽媽並不了解孩子的長睡眠週期模式。

真的肚子餓的狀況會沒有任何規律，有固定餵奶間隔的孩子表徵上，會在固定餵奶間隔時間過後討奶。舉例來說：每4小時餵奶一次，大約第4～5個小時會起來討奶。6個月以後，熱量不足並不是主要夜奶的原因，頻繁夜奶大多為銜接睡眠不順。

觀念釐清2：銜接睡眠不順討安撫vs真的肚子餓的差別

銜接睡眠不順討安撫的哭聲與真的肚子餓的哭聲有截然不同的差異，然而半夜睡不飽的媽媽常常都會判斷錯誤，想說反正塞奶給足安全感就對了（X），孩子如果吸奶非常不用力，吸不到10分鐘就放掉，或是邊吸嘴巴邊微微抖動，與平常肚子餓時用力喝奶差非常多，這就是銜接睡眠理論，是因為長期以來媽媽都習慣奶睡孩子造成的。長久下來，超過4個月以後，就會形成上述的習慣性夜奶。

戒夜奶的最佳時機為4～6個月，專注於白天的規律作息，協助孩子白天練習自行入睡與銜接睡眠，夜奶自然會真正的戒除。

（二）「我的孩子生長曲線很低，要增加餐數」

另外有一種理由是覺得自己的孩子生長曲線只有3%，明明醫生沒有交代需增加夜奶，卻擅自解讀成需要增加夜奶來幫孩子加肉，事實上同上一點，人類在吃天然飲食的條件下，如果少量多餐反而會變瘦，增加餐數對於孩子身上長肉一點幫助也沒有，反而可能會讓孩子變得更瘦，加上孩子會去平均分配食量，導致白天副食品吃得更不好，惡性循環讓孩子越來越瘦。

當然，熱量不足一定會夜奶，餐數及食量隨著月齡不同，量及內容當然不同，身為父母在孩子1歲以前要了解當月孩子至少應該要吃到什麼量及內容，並且努力在孩子非長睡眠的時間內餵完，並思考餵食間隔是否可以讓孩子肚子喝得下，提供合理的餐數及餵食間隔，而非到了4個月還頻繁2小時餵奶一次，這樣孩子當然不會肚子餓，每次餵奶都喝得很少；或是間隔過長，導致餐數減少，熱量不足又恢復夜奶。

（三）「戒夜奶就是為了大人方便不肯辛苦而已」

戒夜奶的中心思想我只希望您的孩子，「能夠得到一個晚上穩定的長睡眠休息」，並非出自於要讓大人輕鬆，如果您的孩子能夠有一個穩定的長睡眠，將會有什麼好處：

◆穩定的睡眠對孩子身體的修復及發展非常重要
◆偶爾發燒生病會比較快好

◆情緒穩定不容易尖叫生氣

◆睡飽自然飯吃的多

◆睡眠對3歲以內的孩子腦部發展影響重大

附加的好處才是大人的好處：

◆不必頻繁夜醒

◆有自己的時間

比起頻繁中斷孩子的睡眠，孰是孰非相信不必言喻。

（四）「根據研究有〇成的機率孩子超過6個月無法睡過夜，所以這是孩子的氣質高需求無法睡過夜」

在一些專業的書籍上，的確會有一些統計數據研究告訴你幾成的孩子可以睡過夜，幾成不行，但如果只根據這樣的統計結果，逕自解釋為「我的孩子就是屬於那睡不過夜的族群」，然後就想著討拍不肯解決，恐怕就誤解了研究想表達的結論。很多人習慣斷章取義，研究絕對不會只有告訴你幾成孩子睡過夜，幾成不行，然後就歸咎於孩子的氣質，我想這種統計研究也上不了學術論文的檯面，更不可能寫在書裡，而是會一併研究可以睡過夜的孩子的父母親做了什麼，不能睡過夜的孩子的父母親做了什麼，才會有以下的重要結論：

◆「健康足月出生，滿6個月後可睡滿10小時不喝奶」

◆「能在嬰兒床上自行入睡的孩子睡得較好」

◆「不哄睡的孩子比要哄睡的孩子每天平均多睡一小時」

歡迎加入
寶寶睡好覺

明明書上及論文後方一定會有這樣的相關性行為研究，卻選擇性只看前半部斷章取義，逕自解釋成是孩子的氣質，這是現代網路快速文化的通病。

（五）「協會告訴我母奶可以持續到2歲」、「母奶兼具安撫性質」、「母奶不會造成蛀牙」

有一派的媽媽因為孩子有夜奶，同時也親餵，被長輩一直說要戒親餵弄得很煩，明明協會說母奶可以持續到2歲。

我完全鼓勵並支持親餵，親餵與孩子有沒有夜奶無關。有問題的並不是親餵，親餵並不會造成夜奶，也有很多懂得理論的媽媽，白天快樂親餵，晚上一樣沒有夜奶。頻繁夜醒是因為媽媽長久以來，搞不清楚或甚至對睡眠理論毫無所知，分不清楚孩子是因為銜接睡眠不順討安撫的哭聲，還是真正肚子餓的哭聲，遇到哭就塞奶造成。

的確在4個月以內，母乳確實具有安撫性質，但若曲解這句話，硬要解釋為孩子討安撫塞奶就對了，不了解各月齡的變化，不願了解理論、不知其所以然、如遇到別人與他的教養觀念不合，就找出一大堆論文斷章取義亂套當藉口，與不肯更新育兒知識的固執長輩其實無異。有研究證實純粹母奶不會造成蛀牙，但母奶若加上蔗糖則最容易造成蛀牙，已有許多牙醫師專文說明這是研究方法不同，不可因此論文研究就逕自解釋奶睡、夜奶不會造成蛀牙，尤其是1歲以後，吃的食物多樣化，奶睡夜奶是非常容易造成蛀牙的，實務上也有非常多網友

分享自己孩子才1歲半卻要全身麻醉、根管治療的慘痛案例。孩子頻繁夜醒影響腦部及生理發展，夜奶奶睡影響牙齒健康，孩子的成長只有一次，孩子的睡眠行為已嚴重影響發展健康，就必須要改正。

（六）「規律作息就是訓練軍人好可憐」、「小孩又不是狗要訓練什麼」

有些父母親誤會規律作息＝百歲＝訓練、放孩子一直哭，知道規律作息怎麼操作的人，根本不需要放孩子一直哭就可以規律作息，就連月齡小（＜3個月）都可以不需放孩子一直哭而做得到，月齡大到超過6個月，要規律作息很簡單，只是照顧者不願意做而已。

規律作息的大方向是每天同一時間做同樣的事情，當然您有前後半小時的彈性，並不是一分一秒都不能差異，而且所謂的規律作息最根本的目的是：

透過一連串的動作順序，來告訴孩子接下來是要做什麼。

對孩子來說他並沒有時間概念，只能透過您的動作順序來辨別您要做什麼，舉例來說：您每次都換完尿布後再餵奶，而且不會亂跳順序，例如：今天尿布換完喝奶，明天也尿布換完喝奶，大概過了2～3天後他就知道了，他就會配合你換尿布，而且也會很開心地等待喝奶的時光。

這就是為什麼規律作息，能夠建立孩子的信賴感，孩子喜歡可預期、作息固定，因為這樣孩子才知道你要做什麼，孩子又不會說話，

也聽不懂你說的，當然只能靠這種動作順序的默契去跟你「對話」。

規律作息是參考月齡可以清醒的最大時間、孩子所需的睡眠時間等、再配合您家庭的作息，以及加上一些睡眠理論的考量，很多書籍都推出很多經驗累積後的參考作息表，您接近書上的作息表去讓孩子吃跟睡，前提是基於您觀察記錄後參考而規劃的作息表，孩子通常就會越穩定。6個月以後要解決睡眠問題，規律作息的重點在於：**固定睡覺時間與起床時間。**

有些媽媽誤信網路謬論，覺得孩子又不是機器人還是軍人，這麼小就要規律作息這麼可憐，殊不知所有專業論述嬰兒睡眠的書籍，都提到要先有規律作息及固定睡覺時間與起床時間（是的！目前看到的沒有例外），才能解決孩子的睡眠問題。

道理很簡單，請回想您是否有經驗，每天因為上班上課固定時間起床及睡覺，幾天以後到那個時間就會自動想睡及起床，這是人類的生理機制，如想為孩子解決睡眠及頻繁夜醒的問題，就要思考利用這個生理機制，有助於抓到孩子的入睡時間點，更何況孩子在6個月以後，常會因為貪玩不想睡，孩子明明想睡卻拖著不睡，因此固定睡覺時間是6個月後規律作息的重點。

（七）「我的孩子要哄睡，安慰自己至少不用夜奶」

這一種狀況比較輕微一點，孩子雖然不是靠奶睡覺，但仍需要大人的介入，例如半夜頻繁撿奶嘴、搖搖、抱睡、趴在大人身上睡等

等，這些狀況一旦孩子想繼續銜接睡眠，一樣會靠大人再做一模一樣的動作才能入睡。

這樣的狀況如果大人可以接受，原則上影響不大，要知道不哄睡的孩子比要哄睡的孩子每天平均多睡一小時，能盡早幫助孩子學習如何自己入睡，對他本身的睡眠成長比較好。

（八）「親子共眠才是幸福」、「孩子自己睡好可憐」

孩子在1歲以前因為嬰兒猝死症的考量，不建議分房睡，應同房不同床，且不可讓小孩趴睡。至於1歲以後，由於研究指出：「能在嬰兒床上自行入睡的孩子睡得較好」，為了您與孩子的睡眠品質考量，建議您還是分房睡，有些父母親覺得此時親子共眠才是幸福，不跟孩子睡孩子會哭，孩子自己睡好可憐等等，更甚者有遇過本來孩子能自行在自己的嬰兒床入睡，硬把孩子改成跟大人一起睡在大床，一起睡在大床不是不行，而是連夫妻成人都有可能因為各自的睡眠習慣，無法睡在同一張床上，更何況是半夜仍須常常翻來覆去的孩子，還是建議如果真的捨不得，應同房不同床。

看了這麼多的論述，其實應該不難發現4個月以上要改掉夜奶，關鍵點並不在於孩子或方法，而是在於大人的想法本身，孩子其實很好教，最難改的是大人的想法與觀念。

不過正如同我在前面敘述過的，育兒本身沒有對錯，如果您半夜覺得奶睡非常舒服，也不影響您本身的睡眠，我甚至有認識一些媽

媽，為了孩子的牙齒健康改掉奶睡後，半夜很惆悵，覺得自己不再「被需要」的，個人都覺得無所謂，育兒本來就是要快樂，許多建議都是出自於善意的出發點，然而您做起來如果不快樂也沒有意義，在不影響安全與發展健康下，就算是無規則養育也無仿，但緊接而來的結果您也必須要接受，而且不應給孩子貼上「高需求」、「淺眠」的標籤，因為孩子只是順應你的養育方式而已。

二、成因分析

先複習真正戒夜奶的流程：

規律作息→自行入睡→戒夜奶

因此有以下幾個可能的成因，大部分人都是屬於孩子無法自我安撫入睡，亦即無法自行入睡，包含規畫孩子的吃跟睡都有極大的問題，將可能發生的成因分述如下：

（一）不適合的作息表

首先看過案例大多都是根本不了解，孩子該月齡的生理需求應該是怎麼樣，導致讓孩子過累，舉例來說，6個月的孩子應該清醒2～2.5小時就必須要睡覺了，但由於孩子5個月以後清醒時間變長，玩心大起，根本看不出任何想睡的跡象，所以很多人都誤會孩子不想睡，然後就讓孩子一口氣醒了3小時以上，我有聽到例子竟然讓6個月的孩子一口氣醒了8小時，對於他來說就相當於您自己連續24小時沒睡一樣，

孩子不哭鬧才奇怪，您自己不知道有沒有一個經驗，過累之後反而不容易睡著，這是一樣的道理。

嬰兒過累必須要花2倍以上時間才能睡著，而且他會睡得很不穩，不要再誤以為白天不讓孩子睡晚上就會睡得好了，事實上正確的觀念是，要符合孩子的月齡，提供孩子適合的作息表，計算孩子的最大清醒時間，在孩子推算該睡覺的時間點前15～20分鐘就放床。

（二）對於孩子的睡眠理論一無所知

很多人沒有睡眠理論的觀念，以為孩子想睡就會睡，不了解孩子天生就是不知道：「這種感覺就是要睡覺」、「想睡就是眼睛閉上睡覺」，大部分的孩子遇到這種感覺只會求救哭，是的！孩子一生下來連睡覺都要學習，您自己也是小時候透過不斷的練習，才習得睡覺就是眼睛閉上睡覺，只是您長大不記得了，在孩子3歲以前，您都必須教導孩子這件事情，來幫助他有一個穩定的長睡眠。

以上（一）～（二）點基本上都可以歸類為，沒有建立規律作息這件事情，這也就是為什麼規律作息這麼重要的原因。

（三）不恰當的入睡方式

所謂的不恰當入睡方式是指什麼呢？例如奶睡、人站起來哄抱搖，任何會影響您的方式動作做到孩子熟睡為止，就會形成不恰當的入睡方式，正確的方式是任何哄睡方式應該只是建立孩子的睡意，做到孩子剛睡著的那刻為止，可以的話做到孩子快睡著前的那刻為止。

（四）無法自行銜接睡眠

呈上，由於對於睡眠理論沒有任何的認知，所以不了解大部分孩子一生下來，就沒有銜接睡眠能力的問題，造成每次睡眠週期（通常是半小時）後，不是誤會他不要睡要玩，就是只好再一次哄睡才能睡著，有很多人說為什麼孩子半夜會醒，大多就是因為前面幾個月養成了「哄睡」，加上銜接睡眠理論，等到孩子要銜接一段睡眠週期時，他就必須要在相同的「哄睡環境」下才能睡得著，而孩子一旦接近6個月後，因為長睡眠睡眠週期的關係，在入睡後的前6小時為熟睡期間，即使銜接睡眠仍容易睡回去，滿6小時後，通常接近半夜3～6點，會進入頻繁睡眠銜接轉換的階段，這2～3小時內會容易清醒，如孩子沒有自行銜接睡眠的能力，就會頻繁的找大人要求同樣的哄睡方式，例如：奶嘴、奶睡、抱起來走來走去等。這也就是為什麼書上教你，盡量在6個月以前讓孩子可以自行入睡，因為唯有如此，才能讓孩子可以儘快有一個穩定的長睡眠。

（五）小睡時間過短

正因為上面銜接睡眠的原因，所以大部分建議您的小睡作息，除了在約10個月～1歲3個月有一段要刪減早上小睡的過渡時期除外，都會希望您不要只剩下半小時一段的睡眠週期，因為唯有您規劃兩段以上睡眠週期的小睡，例如1小時、1.5小時、2小時，這樣才能有機會讓孩子練習銜接睡眠，但不建議您規劃3小時以上，因為那會被孩子誤會

是長睡眠。

　　註：如果您的孩子正好位於約10個月～1歲3個月，要從2次小睡刪減為1次小睡的過渡時期，通常是刪上午小睡只剩午睡前，有段時間上午會只剩半小時，僅有這情形是例外。

　　以上（三）～（五）點基本上都可以歸類為，沒有學會自行入睡與銜接睡眠所致。

（六）白天沒吃夠

　　您可能聽過一個說法，2個月可以睡過夜，4個月又恢復夜奶，這是因為熱量不足，這句話可以說對也可以說不對，有些孩子到了4個月奶量已經到達極限，但根據體重計算仍然熱量不足，當然晚上會起來討，一開始可能是因為熱量不足，因為媽媽的錯誤判斷，過了6個月以後，就會演變成習慣性夜奶。

　　另外一個可能性則是同上述（三）～（五），是因為無法自行銜接睡眠，照顧者又判斷錯誤給夜奶造成。

三、解決方式

　　提醒您在6個月以後，只要有1～2天判斷錯誤給夜奶，就會變成習慣性夜奶，您如果因為生病感冒不吃，晚上給夜奶，要特別留意。4～6個月時，晚上孩子大哭不優先考慮餵奶，而是要都沒有辦法，才只好餵奶，如果您很習慣塞奶，那麼情形只會越來越嚴重，惡性循環。6個

歡迎加入
寶寶睡好覺

月以後，要相信自己的孩子可以不喝奶連睡10個小時，孩子此時的學習能力很快，只要讓孩子有2～3天都沒有夜奶可以喝，您會發現孩子馬上就學會白天要多攝取熱量，自然白天就吃得好，這樣才會正向循環。有了前述認知後，解決方式如下：

（一）規律作息

如果您沒有實施過規律作息，作息規劃重點：

1、務必參考同月齡作息表，不要讓孩子醒過久過累

2、小睡時間規劃至少1小時以上3小時以下

3、可有半小時的彈性，接近作息時間即可

4、保持吃—玩—睡而非吃完睡

5、每次動作順序都一樣才是讓孩子建立規律的關鍵

6、作息逐漸穩定後，要固定小睡及長睡眠的入睡時間及起床時間

沒有規律作息根本不知道問題出在哪，很多人光是規律作息，在孩子每醒一段時間後送上床，這段最大清醒時間要看月齡，例如6個月就是2～2.5小時，8個月是3小時，10個月3.5小時，問題就改善很多了。

不要讓孩子過累才睡覺，過累會使孩子尖叫、難哄睡、頻繁夜醒、過早起床等各種現象，也不要每段醒不夠久讓孩子白天小睡總時數過多、體力消耗不足、下午小睡起床時間太晚，而導致晚上睡不著，依月齡安排合適的清醒時間與活動才是正確的做法。

此外，您在規劃作息時，如果孩子平常有自己的作息但不是很規律，您可以此為主微調即可，不必一定要照作息表做，當然作息表設計都是有原因的，您調整成這樣會最容易成功，建議您也應該瞭解作息表設計的原理，及根據這些理論嘗試去規劃建立一個基於您每日觀察記錄結果，屬於您與寶寶合適的作息，這樣才不會被作息表綁住。

（二）小睡不要只剩下半小時

基本上小睡的時間建議您，要大於1小時，小於3小時，理由就是要讓孩子有機會練習銜接睡眠，小睡時間大人都很清醒，比較有精神可以正常面對孩子想睡的哭，才不會用一些很極端的手段哄睡。

（三）選擇合適的入睡方式

有些人的作息整體上看起來沒有問題，但因為過去都是奶睡、抱睡等方式讓孩子睡著，等孩子大了以後發現孩子只要一放下去就大哭，或是半夜頻繁的找媽媽的奶，或習慣性要喝一些奶睡覺。

在這提點一下基本的重點：

1、絕不使用哭泣控制法：

什麼是哭泣控制法？就是那傳說中百歲派的主張，讓孩子哭到睡，這個方法不是沒有用，但僅適用於4個月以下還沒有養成哄睡習慣的孩子（但個人還是不推薦此方法），由於您的孩子已經超過6個月，基本上是不適用的，一旦您在6個月以後使用這方式，孩子極有可能會形成一種不信任感，再者此時您讓他哭，一定是哭很大聲超過1小時

以上，很多錯誤的以訛傳訛方法都教你要狠心如此做，即使能夠成功也要花費很大的心力還有需要克服自己心理障礙，否則您受不了再進去安撫，孩子就學會「我聲嘶力竭的哭了半小時、一小時媽媽就會來了」而導致間歇性強化，要使用此法學會自行入睡就會難上加難，所以在6個月後我完全不建議您使用哭泣控制法。

2、要有心理準備要花很長的時間才能改掉

孩子已經被您用了4～6個月以上的時間，養成一定要某種哄睡方式才能睡著，要2～3天內改成您想要的各種自行入睡方式，例如：咬安撫巾、聽音樂、吸奶嘴，您覺得可能嗎？

基本上如果覺得困擾，您需要極大的耐心來處理這件事情，據說成人更改一個習慣要21天都做一樣的事情，請您要有心理準備至少要堅持一樣的動作，可能做1個月才能改掉。

3、建議的方法如下

建議您先了解理論基礎後，每次時間算準送上床後，孩子哭了先等一段時間5分鐘以內，接著您可以使用原本的哄睡方式，培養孩子的睡意直到閉眼或是快睡著，然後把哄睡方式抽掉，或是在此時使用移轉入睡方式，換成您想要的方式，例如：給安撫巾、塞奶嘴，孩子哭了就重複上述的動作。

在做上述這些培養新的入睡習慣方式前，有一個很重要的前提就是，如果您沒有規律作息，小睡長睡眠時間還是很亂，先暫時不要管

這件事情，用原本哄睡的方式讓孩子跑2～3天習慣作息再改，如果您的作息規劃正確，孩子甚至不需要任何適應時間，1天您就會發現孩子變得很穩定不亂灰了，這就是所謂的規律作息→自行入睡→戒夜奶，真的沒有捷徑，也沒有一言以蔽之的懶人包，除了某些極少數天生很天使的孩子以外，大部分的孩子都是要經過這些階段按部就班才學會睡覺這件事的，我也有看過本來很天使的孩子，因為父母親不懂亂搞作息變得很惡魔的，大部分的孩子都是符合這些睡眠理論的。

（四）白天補足一日所需熱量

白天沒吃夠，晚上自然會起來討，這很容易了解，問題出在於，怎麼樣才算是吃夠？您可參考**附錄·嬰兒每天飲食建議表**。

依照個人經驗如下：

◆4個月：每日5餐奶，1天1次副食品，量不多只是練習。

◆5個月：每日5餐奶，1天2次副食品，量每次約40g以上。

◆6個月：每日5餐奶，1天2次副食品，量每次約60g以上。

4個月以後，總奶量會來到每日1000ml（假設寶寶6.5公斤左右），再上去一定要用副食品及固體食物來增加熱量了，不能再期望奶，但4～5個月吐舌反應還未完全消失，只是練習吞嚥，到了6個月後，量一定要出來，否則通常會熱量不足夜奶。

熱量不足在早期4～6個月一開始會影響到晚上長睡眠容易起來大哭，有很多人會說2個月就戒夜奶，4個月就走鐘，有一部分是因為熱

量不足，許多人往往以為孩子2個月後夜奶沒有了，餐數會自然減少，但卻忽略熱量問題，餐數下降的太快，到了4個月，聽信一些網路的說法，讓餐數降到1天只有4餐（X），問題是孩子每餐的胃容量有限，通常只能裝180～240ml，而此時的總奶量多半需要1000ml左右，所以最好是想辦法在白天內喝滿5餐，還要考量到最少一定要間隔3～3.5小時，作息安排並不容易，您可以思考應該如何安排作息。

6個月以後，熱量不足就再也不是夜奶的主因了，由於孩子的自我安撫工具變多了，例如：小安撫巾、奶嘴、自己的手指，也絕對有能力學習自行入睡了，您應該是朝向讓孩子學會自行入睡的方向進努力，讓孩子學會肚子餓時也能銜接睡眠，而非一直惡性循環讓孩子習慣喝夜奶，白天再吃少少。

另外孩子在4～6個月容易厭奶，首先檢查是否餐數不足，至少一天要有5餐奶，可能有一餐會在夜奶，但整夜就只可以有1～2餐生理所需夜奶。6個月以後厭食，應想辦法安撫孩子睡回去，但絕不可倒退讓孩子習慣喝夜奶，這樣是在教孩子，反正白天沒吃飽晚上可以起來討夜奶，白天更不會認真吃飯，是惡性循環。

提醒親餵的媽媽，6個月以後，孩子不喝奶，極有可能是孩子已經厭倦喝奶，解法就是讓孩子吃多點副食品，固體食物比起奶更能讓孩子不快餓，而非因為覺得孩子不喝奶就是不再需要媽媽的惆悵感。

（五）適用於大月齡的「寶貝」撫慰物，正規的自行入睡方式

不管您一開始如何讓孩子睡，到了孩子8～10個月以後，可以視孩子的手部發展使用這個正規的自行入睡方式，一旦孩子學會使用自己心愛的「寶貝」安撫自己入睡，而不再靠你才能睡著之後，孩子的睡眠問題可說是大部分解決了。

條件：以下方式適用孩子至少8～10個月以上，可以自由控制手者。

提醒您：孩子如果太小還不能自由控制手時很危險，不適用此方式。

「寶貝」撫慰物的導入方式：

Step1：準備一個「安全」的「寶貝」撫慰物，通常是安撫巾，大小接近手帕或大一點點，太小則是抓不到，厚度不要太厚，不要太大太厚以免窒息，觀察孩子的喜好，平常與孩子玩注意孩子喜歡的質地觸感。

Step2：一開始還沒習慣安撫巾前，在喝奶、睡覺時都放安撫巾在他手上，讓他習慣有安撫巾的感覺。

Step3：也可以同步準備安撫玩偶，同時可以放柔和音樂及燈光，增加孩子的安心感。睡前放在床邊當睡前儀式，一樣要小心這個玩偶的大小是否會造成危險；另如果月齡太大超過1歲半，有部分孩子的氣

質，則可能會成為孩子半夜的玩具，反而玩到不睡覺。

Step4：隨著孩子已經漸漸習慣安撫巾後，搭配使用「間歇性冷處理」方式：訂下哭5分鐘再安撫孩子，安撫到平靜後再離開，如果哭再等5分鐘。

上述的等待5分鐘，可分成2種模式：

（1）平均等待5～10分鐘，可能是5分、7分，或10分鐘，最長不要超過15分鐘。

（2）第一天等5分鐘，第二天等7分鐘，第三天等12分，第四天等15分鐘，最長不要超過15分鐘。

此方法的等待時間是要看您孩子的特性，基本原則：如果您在孩子哭的尖峰時期安撫他，孩子會學會「我哭得很大聲，爸媽就會進來安撫我。」所以不可以在孩子哭最大聲時進去，最好的原則是「孩子哭最大聲後，變小聲一點再進去安撫」，或是準備快大哭前先安撫下來。

另外還有一個重點：月齡越大，特別是超過1歲後，安撫時間要越短越好，一旦安靜就得離開。月齡小可以安撫到安靜，月齡越大只能進去停留1～2分鐘就得離開。

這種「固定一段時間再安撫」方式用意是在告訴孩子：「爸媽沒有離開你，但你要自己睡覺。」您也可以把這句話說出來，這句話不僅是告訴孩子，還有更大的用意是在告訴你自己：「孩子要學會自己

睡覺，不是靠大人。」而這種「固定一段時間再安撫」方式一併適用於分房睡時。

歡迎加入
寶寶睡好覺

生長過程影響睡眠的各種現象整理

　　本節說明生長過程影響睡眠的各種現象整理，包含驚嚇反射、眼睛突然看得到、翻身踢腿、長牙、分離焦慮、夜驚與噩夢、小睡不穩、晚睡、站起來、坐起來、睡一半起來玩。

　　您可能聽說翻身、長牙、分離焦慮會影響睡眠，的確這些突然間的生理大發展會讓寶寶覺得一時間很難接受，嚴重影響到他的睡眠，但也有相對應的處置方式，身為父母親應該是預先對這些情形及早了解處置方式，而不是一直用4個月會翻身、接著就長牙、接著就分離焦慮、會坐等等這些理由，任由孩子受影響導致睡眠時數急速下降，以下就是針對各種生長過程可能會遇到的狀況及處理方式分述如下：

一、早上5點起床（各個月齡皆有可能）

可參考本章第三節〈清晨五點容易醒〉一節。

二、半夜醒來想玩不肯睡（各個月齡皆有可能）

解決方式很簡單就是「不理他」，如果他哭了，那麼麻煩先等5

分鐘看能不能自我平復，通常如果是真的想玩，而不是其他需求（肚子餓了、習慣夜奶）等等，一開始是不會哭的，除非您每次在他起來玩的時候，都陪他玩，那麼有一天突然您有事要處理，沒辦法第一時間在他醒來就陪他玩，而他向來都找得到大人玩的，突然間大人不理他，他當然會哭了。

記得一件很重要的事情，請絕對不要在半夜的時候陪他玩，但我沒有說半夜放孩子一個人哭很久，如果他真的哭了，請您等個3〜5分鐘就好，如果孩子沒有哭自己在那邊玩，最好的方式就是您人在旁邊但假裝睡著，仔細聆聽孩子動靜是否有異常就好，至於他在那邊發出聲音玩，或小哭個3〜5分鐘都是可以的。小睡時間處理方式也相同，他起床了可以稍等個3〜5分鐘，這樣孩子久了就知道，他醒來不是馬上大人就會來，可以稍等一下自己玩。

當然如果您覺得我就是要小孩醒了馬上照顧，甚至半夜起床陪他玩也沒有問題，您要如此做也可以，但請記得教養方式要一致，如有時大人因忙碌而無法每次孩子醒來就馬上反應，那麼孩子極有可能因為無法理解適應，以為自己被拋棄了哭得更兇。但是請您也不要因為孩子可以等，清醒時間到了就讓他等超過30分鐘以上，除非半夜起床玩才能不理他裝睡。

·0個月～3個月·

三、驚嚇反射

在孩子6個月內，對於自己的身體其實是不認識的，因此睡覺的時候，身體的反應包含驚嚇反射，對孩子而言會造成驚嚇，解決方式用包巾可以解決，市面上有出一些懶人包巾，如果跟我一樣手不巧的媽媽可以買來使用很方便。

四、眼睛突然間看得到

在孩子2個月以內，視力很模糊而且僅能看到最多60公分以內，因此您此時開燈關燈睡影響還不大，他睡覺時您在旁邊也多半看不太到，然而滿2個月以後，孩子的視力會開始大躍進，如果他要睡覺還是開著燈，可以讓他看到旁邊的東西包含您本身，對他來說都是一個非常大的刺激，請您滿2個月後只要沒有日夜顛倒問題，包含小睡都應該關燈睡且全暗更好，就算您人要在場也不應跟孩子對眼，或躲在角落等待孩子睡著。

·4個月～7個月·

五、翻身踢腿

有許多人養到快4個月就會發現孩子的兩條腿拼命踢，嚴重影響到睡眠，這就是準備要翻身的前兆，基本上只能等他自然消失，白天您

可以多陪他翻身來解決這個問題，有的可以透過包裹技術來解決，在這邊提供我們的方式給大家參考：

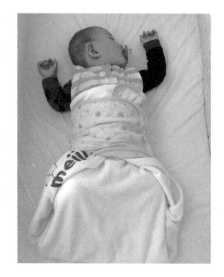

如圖，使用毛巾包裹下半身，再用肚圍固定，這個毛巾包裹有點重量，因此對於剛學翻身的寶寶，會覺得自己的腳被壓住了，比較能睡得香，但是您要這麼做有一些重點要提醒您：

1、請包得仔細穩固不要容易散開

否則如果毛巾一旦分離了，就像是蓋棉被一樣，對嬰兒可能會有窒息的風險，強烈建議您必須在監視下使用，觀察會不會有拆掉的風險，您甚至可以在孩子睡著了再拆掉。

2、此方法的夏天版本

僅穿包屁衣再使用透氣的肚圍及紗布毛巾。

六、小睡問題：睡得不夠

此階段發生的狀況，通常是小睡時間太少，不了解該月齡的清醒時間，讓他醒太久造成的問題，此月齡通常最多只能清醒2～3小時，有些父母親一口氣就讓孩子醒5小時，而孩子尤其是沒有規律作息固定時間睡覺的孩子，常常玩心大起，照顧者通常看不出來孩子想睡的訊

號，而造成孩子清醒過長，小睡時間不夠，很容易尖叫哭鬧，建議您此時應該固定孩子小睡的時間點，參考該月齡的清醒及小睡時間，安排作息，孩子吃飽睡飽，脾氣自然穩定。

七、夜驚與噩夢

這問題自孩子睡眠腦神經發展差不多後，也就是約6個月以後，有些孩子就會常常發生，大致上可以分為夜驚與噩夢，有時候您會發現孩子閉著眼睛哭，叫醒了反而哭更兇，也不是要喝奶或銜接睡眠，幾乎都是這方面的問題。

基本上個人的心得要避免上述這些，可以採取的方法：

◆睡前不要看太刺激的東西，例如電視、閃卡。

◆採取適合孩子月齡的作息，避免孩子過累。

5～8個月時最多只能醒2～3小時，長睡眠前最多只能醒3～4小時，不要超過以免過累。超過1歲以後也很容易有此現象，請避免讓孩子睡前玩太刺激的遊戲，或是看太刺激的東西。

·8個月～12個月·

八、小睡問題：活動量不足

通常規律作息孩子，會遇到的小睡問題，都是突然間小睡變得短少，此時孩子適合的作息應該是會剩下上午1次，跟下午1次小睡時

間，您可以看孩子的需求安排：

◆作息建議1：

◎上午1次約1小時的短小睡

◎下午1次約1.5～2小時的長小睡

◆作息建議2：

◎上午1次約1.5小時的小睡

◎下午1次約1.5小時的小睡

以上取決看您的孩子上午睡比較好，還是下午睡比較好，如果您的孩子可以穩穩睡2小時那更好。記得不要安排到孩子只剩下一個睡眠週期，也就是小睡30分就醒來，以免孩子沒有銜接睡眠，容易在晚上多次醒來。

但是按照建議的作息做，如果孩子並沒有辦法睡到固定的時間就起床，或是滾很久就是沒辦法睡著，除了檢視自己在2段小睡安排中間清醒時間是否過短，例如早上睡到11點半，下午1點半要睡著是有點困難的，因為只有清醒2小時。

如果以上方式都沒有效，那麼通常是活動量不足，建議您可以在2次小睡中間，也就是中午時段，吃完飯之後休息一陣子，大概過1小時，視孩子實際身體狀況而定，就讓孩子做一些體能消耗較大的活動，例如已經會翻身會爬就可以鼓勵一直爬、一直翻，能從坐變站、從躺變坐等等體能消耗大的動作，要鼓勵孩子練習，這樣您會發現孩

子下午小睡會比較穩定。

　　同樣您如果是早上小睡不穩，您就要提高早上小睡前的活動量，孩子在此月齡之後遇到的睡眠問題，大多可以利用讓孩子多活動解決，尤其是超過1歲的孩子，常常帶孩子出去溜滑梯接近大自然跑跳，孩子晚上自然睡得早也睡得香。

九、分離焦慮

（一）平常白天的時候提供下列準則減少孩子的分離焦慮：

1、當他不高興時，可以用言語跟抱抱安撫他。

2、注意語氣，不要反映出你對孩子哭的驚慌，「我捨不得讓孩子哭」、「孩子一刻都不能哭」的想法只是反映出新手父母的緊張，孩子若開始懂得此道理，就會用哭聲控制你：

孩子還不會說話時，哭是他唯一的語言，身為父母不應該堵住孩子的嘴，拼命讓孩子不哭，就如同讓孩子不能說話，而是應該學習聽懂孩子的語言，亦即由孩子的哭聲，去判斷他的各種需求及迅速回應。

3、千萬不要用哭泣控制法解決睡眠問題。

4、多跟孩子玩躲貓貓遊戲。

5、離開時揮手說再見，告訴孩子幾分鐘後回來：

一開始不要大於5分鐘，如離開回來都無大哭，請摸摸頭鼓勵

孩子。

（二）夜晚睡覺時，您可以試試：

1、不要在孩子尚未熟睡時離開。

2、可以的話，盡量待在孩子房間等到孩子熟睡再離開。

3、晚上同房不同床，讓孩子醒來可以看到你或知道您在。

4、不要陪玩，堅定地告訴孩子該睡覺了。

十、長牙

◆睡前可以使用冰涼的固齒器減少孩子的不適。

◆到藥局購買安全的長牙舒緩劑，睡前塗抹。

十一、坐起來不肯睡

坐起來或站起來不肯睡，解法是一樣的，中心思想就是教會他：「睡覺要躺下」。

每次都等他完全站起來或坐起來時，讓他躺下，如果他抗議，可以將手輕拍他的胸口說：「沒關係，你只是要睡覺了。」盡量用言語或動作安撫他，而不要抱起他來。

像我的孩子不適用說話的方式，但有些孩子適用，你可以試試看孩子的氣質，所以我通常都是安靜的，看孩子坐起來了，就把他翻倒回去床上睡，做一週後只要孩子夠累的話，就算半夜睡醒坐起來還會

歡迎加入
寶寶睡好覺

自己倒回去睡。這時期您可以給予安撫巾，或將先前使用的蝶形包巾當安撫巾，孩子會吃一吃睡著，利用半夜他自己容易取得的安撫物，可以讓他自己學會銜接睡眠。

・10個月～1歲6個月・

十二、小睡問題：縮短小睡時間

在接近10個月～1歲時，或有些孩子比較晚，大約在1歲3個月左右，就可以改一次小睡，也就是非常接近成人的作息，只剩午睡的時間，孩子需要縮短小睡時間的徵兆如下：

◆早上小睡很好但下午不睡。

◆不想要早上小睡。

◆早上下午小睡都很好但早上非常早起。

◆早上下午小睡都很好但非常晚睡。

以上現象表示您的孩子準備要轉換成1次小睡了，然而貿然得改成1次小睡可能過累而暫時不合適，通常要接近1歲3個月才會只剩午睡，因此建議分2種方式：

◆10個月～1歲：

1、早上改成只睡1小時，下午睡1.5小時

或是

2、下午改成只睡1小時，上午睡1.5小時

建議您改1.方案以做為1歲3個月改成只有午睡的預備。

◆1歲～1歲3個月：

早上改成0.5小時，下午睡1.5～2小時，最後取消早上小睡。

十三、太晚睡覺

　　所謂晚睡的定義我個人覺得是超過9點後，現代人作息晚，有些父母親因為自身工作的關係，孩子等到父母回來都12點，每晚如此晚睡，嚴重影響到孩子的腦部發育，可以的話請讓孩子9點前後睡著是最好的。

　　舉一個例子，有個朋友得意洋洋的笑我們，讓孩子那麼早睡幹嘛，他的孩子6個月以後，可以跟他們玩到晚上12點，晚上12～1點才睡，睡到隔天約10點，他的孩子與同齡比較，各項發展已經有明顯落後半年的現象，雖然說發展遲緩，並不一定是睡覺影響的，但人體的修復發展黃金時間是晚上10點～半夜2點，我想這點很多人知道，因此不一定睡眠時間足夠，孩子就會發展得好，最重要的黃金時間最好讓孩子是睡覺的狀態。

　　讓孩子晚睡是對孩子很殘忍的事情，因為會影響到腦部發育，如果孩子早睡能讓孩子聰明，相信不少父母都願意做的，連醫院的衛教都建議最晚9點要讓孩子上床睡覺，以免影響發育。

歡迎加入
寶寶睡好覺

不過就我身旁的父母親，大多是對孩子很關心，想讓孩子早點睡但卻沒辦法的，在這個時期，如果孩子很晚才睡，多半可以朝幾個方向著手：

　　1、照顧者請在晚上8點前到家，9點進行睡眠儀式。

　　2、下午午睡最好安排時間為1點～3點，不要睡太晚。

　　3、傍晚時間可以帶出門活動，例如溜滑梯等消耗體力。

　　如果要調整成早睡早起，重點是擺在早起，才會早睡，而非先早睡。

　　舉例：如果本來是12點睡到隔天早上10點，想調整成晚上8點睡早上7點醒，請隔天早上直接7點叫醒，重點是不可以早上睡回籠覺，亦即不可以早上7點叫醒，喝完奶，8點又馬上睡覺睡到10點，這樣是沒有用的。

第四章
餵奶原則與
腸胃照顧

0～6個月
新生兒餵奶與腸胃照顧

　　在當新手媽媽的時候，對於這塊部分也是初次了解，很多衛教會教的內容也是似懂非懂，不知道孩子腸絞痛該怎麼辦？什麼樣的奶量叫做有喝夠？等等這些問題，加上衛教也很少教實際細節作法，因此本章的內容會僅簡單帶過衛教會教的部分，著重於衛教不會教的實際支持細節作法的分享，至於症狀判斷以及基本護理方式，請家長有疑慮時必須親洽各大醫療院所請專業的新生兒小兒科醫師判別及諮詢。

一、0～4個月的奶量及熱量

　　做新手媽媽的一大挑戰就是要面對來自各方的問題：「孩子有沒有喝飽？」、「親餵每個小時都喝，孩子沒有喝飽吧？」要不然就是聽到奶量說：「唉喲，孩子怎麼吃那麼多？孩子被你撐飽了。」沒有經驗的新手媽媽常常被這些根本早就記不清楚奶量的婆媽唬得一愣一愣的，甚至還自我懷疑起來，有些媽媽則是想反駁卻不知道如何做起，在這邊將餵奶方式分為2者：親餵及瓶餵（瓶餵母乳也算是瓶餵），分述如下：

（一）親餵派

不論您是出自於任何原因想要全親餵，在遇到孩子猛長期或一剛開始新生兒時期，常常短時間內頻繁餵奶掛奶是非常正常的，當婆媽對您有疑問時，其實是因為他們當年多推崇以配方奶為主的瓶餵方式，瓶餵在很早期就能固定間隔時間餵奶，因此有此誤解是可以理解的，最重要的是媽媽自己要清楚，因為孩子在3個月內吸力還不是非常好，一開始也必須學習如何喝母奶等等，頻繁討奶是很正常的。如何判斷孩子是否有喝夠，應該以衛教說的尿布為主，一天6片以上有重量的濕尿布，即為有吃夠。

如果您是新手媽媽，觀察孩子已經睜大眼睛很努力吸，仍然沒有聽到吞嚥聲，可能是姿勢問題，建議您洽國際泌乳顧問或掛泌乳門診諮詢專業人士。孩子肚子餓，會非常努力吸並吞嚥可達20分鐘左右，一開始新生兒可能光喝奶就耗盡他的體力，快喝飽時邊喝邊睡是非常正常的，親餵的媽媽一直到滿2個月前這樣都是非常正常，也不建議您此時改掉奶睡，畢竟孩子還是先以喝飽為主，而且親餵的孩子滿2個月前改奶睡是沒有意義的事情。

關於親餵的部分，我覺得非常需要現場一對一的請專業國際泌乳顧問指導，建議您如果是還沒有生產，請盡早預約國際泌乳顧問的時間，讓顧問能在坐月子時，最好是一開始就能指導您與孩子何謂正確輕鬆的餵奶方式，以及向顧問學習有關餵奶及母奶的正確知識，遇到

問題時的各種正確處理方式。親餵派的媽媽在初期，也就是孩子3個月以內，並不適合固定間隔時間餵奶的方式，當然如果能做到很好，如果做不到也是非常正常的，不過一旦接近滿3個月時，孩子的喝奶能力應該已經成熟，這時如果還沒有作息可言，就應該要引導孩子從固定間隔時間餵奶做起。

另外，有些媽媽非常執著於親餵，卻又覺得都不能睡覺等等好痛苦，或因為其他等等原因而無法樂在其中，不必感到愧疚，改配方奶或瓶餵母奶都是可行的方式，千萬不要因為一個執念，搞得自己痛苦萬分，畢竟有快樂的媽媽才會有快樂的小孩，母乳不是唯一表現母愛的方式。

即使如此，我仍然非常推崇哺餵母乳，畢竟母乳的好處實在太多，然而我也希望每個媽媽或專家，不管是不是餵過母奶，都應該尊重每位媽媽的決定，不要以自身的經驗投射到別人身上，叫別人一定要餵母奶或餵配方奶，每個人的狀況不同，不可一概而論，女人何苦為難女人呢！

（二）瓶餵派

親餵的媽媽因為看不到奶量，常常受到婆媽的「有沒有餵飽」質疑，瓶餵的媽媽也會收到各種質疑，不過，一旦您有任何疑慮，您可參考衛福部網站中的「嬰兒一日飲食建議量」，來看看自己孩子的「食量」是否落在合理的範圍內。在這邊提一下每個有經驗的媽媽多

少都知道的奶量公式，教您了解怎麼樣的狀況是「太少」，怎麼樣的狀況是「應該今天有喝夠」，每日應攝取熱量計算這對於如何戒夜奶來說也非常重要。

奶量計算公式（6個月前、未加副食品）：

◆每日總奶量＜體重*100ml，會脫水：

如果您當天完全沒有吃副食品，吃少於這樣的量就是太少，除非生病。

◆每日總奶量＜體重*120ml，最低熱量：

如果您當天完全沒有吃副食品，吃這樣的量孩子不會長大，但可以維持一天的熱量，最好不要再少於這個量。

◆每日總奶量＝體重*150ml，可以穩定成長的每日總奶量：

這個是基本奶量公式，有些厭奶的孩子達不到。

因此在尚未加入副食品前，最低絕對不要讓一整天總奶量少於體重*100ml；一整天總奶量介於體重*100ml～體重*120ml中間則為熱量不足，如果孩子非生病時期，則有極大可能會夜奶。體重*120ml～體重*150ml中間則為正常奶量，孩子不一定每天總奶量要喝到體重*150ml以上，有些孩子天生就喝得少些，例如女寶通常都喝少一點，如果體重穩定成長且醫生評估正常，就不需因為奶量公式而太過焦慮。

註：上述體重單位為kg

在前4個月還沒有副食品的時候，少於最低量要小心，高於最高量也需留意胃容量問題。唯獨有一件事情要提醒，當孩子每次喝奶量都高於最高量，而且孩子的體重增加得非常快，一直都是95%以上，您要注意是否有誤會孩子想睡覺的訊號，總是給奶睡的狀況，因為當超過3個月後如果體重已經超過9公斤，將會達到無法戒除夜奶的狀況，因為孩子怎麼努力吃，仍無法在白天吃到每日所需總熱量，勢必半夜起來討，不過這種案例非常少，多半發生於將孩子想睡及想吃奶的訊號搞混分不清楚的父母身上，而孩子又是那種給奶睡著還是會拼命喝的特殊體質。0～3個月會困擾新手父母的地方，倒不是奶量，而是出在於一些有關腸胃照顧，例如胃食道逆流、溢吐奶，以及一些基本功，如：拍嗝、洗屁股等照護技巧。

二、0～4個月新生兒胃腸問題

新生兒在4個月以前人稱第4孕期，懷孕10個月只是勉勉強強頭圍可以通過產道大小，身體尤其是腸胃部分很多地方都還沒發展完全，常常發生很多看似嚴重，但醫生都認為正常再觀察就好的「正常」新生兒腸胃問題，不過這些問題都會讓本來就很辛苦的照顧者更疲於奔命，雖然很多前輩都說這階段只要弄吃跟睡就好很輕鬆，但隨著你的運氣好壞，你可能會抽到有嚴重腸胃問題的、難睡的，這些因為生理發展未完全機能不足造成的問題，深深困擾著你，明明網路上及醫生

衛教都做了還是沒什麼特別大改善，醫生也說等過了4個月就會好了，的確也只能等時間過了自然就不是問題了，不過這段期間仍然有許多支持性做法可以讓孩子舒服一些。

（一）腸絞痛

原則上腸絞痛在不同的醫生有不同的定義，通常的定義是一週三天以上，每次哭鬧無法安撫持續30分鐘，每次都差不多時間，稱為腸絞痛。我的看法覺得這比較像黃昏哭鬧。

有些醫生只要找不出原因的哭鬧，通通都歸類為腸絞痛，個人看法也偏向如此，總之因為拍嗝沒拍好造成的大肚子，因為太久沒大便的便祕，本來0～4個月腸胃不好造成的不明原因哭鬧肚子痛，或是因為別的原因哭鬧太久造成的腸胃不適，總之都一律歸為腸絞痛，身為照顧者能提供的支持做法：

1、勤勞按摩、空中腳踏車

現在有許多月子中心會教怎麼幫孩子肚子按摩跟空中腳踏車，萬一您的月中不怎麼衛教的，可以尋求管道學習，空腹餵奶前做或至少餵奶完超過1小時以上再做，千萬不要吃完奶馬上做，那大概就吐光了。

2、益生菌

諮詢醫生後，如醫生建議可使用益生菌，可洽詢醫生購買合適的益生菌品牌。

（二）胃食道逆流

胃食道逆流在0～4個月賁門尚未發展完成前，相當容易胃食道逆流，如果小孩有以下症狀，合理懷疑胃食道逆流：

◆常會噴射型吐奶。

◆沒喝奶卻常聽到吞嚥聲。

◆在安撫椅睡得很好，平躺的床就非常容易醒甚至會哭鬧。

雖然新生兒或多或少都會有點胃食道逆流現象，但很嚴重影響到孩子不想進食，或是體重一直掉，就需要帶去給醫生評估。在3個月以前暫時以安撫椅當床，或嬰兒床床墊頭部部分底下要墊高（請注意：不可睡枕頭、使用安撫椅需注意安全）都是一個方式，坊間有一些嬰兒床是可以直接改斜度的，不過請想讓孩子睡嬰兒床的父母，一旦發現孩子情況改善或已經滿3個月了，就應該讓孩子移到嬰兒床睡了。

一般而言，胃食道逆流在滿月～3個月會達到高峰，但也要注意是不是餵食過量變成「餵食到逆流」了。注意餵奶姿勢、分段餵食拍嗝、少量多餐、降低奶嘴流速、更換奶粉品牌都是可嘗試的方法。生理型的肚子痛，你會發現孩子哭鬧時，某個姿勢他就舒服了，跟心理型的討安撫不一樣，假設是生理型的，就應該努力減輕症狀，如果能做的都做了，孩子還是哭鬧不休，也不要給自己太大壓力。

不需要因為胃食道逆流而提早副食品，餵副食品不一定會改善胃食道逆流，有些嬰兒餵固體時會好一些，然而有些則會更嚴重，請與

歡迎加入
寶寶睡好覺

醫生討論後再開始，並避免以下食材容易造成胃食道逆流：

1、酸的食物

2、奶製品，如優格及奶油

3、酸的水果如橘子、葡萄柚及鳳梨

4、酸的番茄

5、辛辣食物

6、加工肉品，如培根香腸等

7、巧克力

其中5～7也不應該出現在普通小孩的飲食中，餵母奶的媽媽可以回想自己是否曾食用含有這些刺激性的食物。

（三）確實拍嗝

確實拍嗝與拍嗝姿勢可以說是最基本功，醫院也一定會衛教的項目，然而基本功也有一些小細節要注意。一般衛教都會教拍嗝姿勢，重要的是孩子本身要上半身直立，然後從吃完奶那一刻算起，拍嗝至少5分鐘，不管有沒有拍出嗝都要直立15～30分鐘。新生兒在6個月以前，因為其他腸胃都尚未發展完全，非常容易溢吐奶，有時還可能造成意外窒息，因此細心的拍嗝是很重要的，這個過程很無聊，常常以為自己拍很久了，結果才過不到5分鐘，建議可以準備一個實體的鬧鐘看時間。

（四）新生兒紅屁股與尿布疹預防

新生兒階段如果太頻繁大便，又沒有馬上處理的話，就會很容易尿布疹。

有下列3個方向：

1、減少大便次數

一般而言，全母乳要不就是大便次數很多，要不就是好幾天沒有大便，有時次數會多達一天5～10次，通常這樣的話即使很努力做也很難避免紅屁股，配方奶則剛好相反，通常很容易造成便祕，因此我會利用這兩者不同的特性來搭配，在長睡眠前2餐連同夜奶都給配方，接近每天第一餐的最後一次夜奶及白天都給母乳，這樣一來晚上長睡眠時比較不會因為大便，必須水洗屁股造成睡眠中斷，減少紅屁股的發生，也不會有便祕的困擾，當孩子屁股恢復正常了，再全母乳，母愛不會因為這幾天的少餵幾餐母乳而減少。

2、更換尿布、屁屁膏牌子

如果很勤勞的水洗屁股了，還是發現孩子很會紅屁股，可以觀察孩子大腿與尿布版型貼合度，如果不是很貼合，可以更換尿布品牌看看，有經驗的父母一開始尿布都不會買太多，可以買各種品牌，試看看哪個牌子最合適，每個小孩的屁股都不一樣，甚至許多爸媽都知道，連每一胎適合的牌子都不一定相同。更換屁屁膏的牌子也可以改善，也可以請醫生開單純的氧化鋅或合適的藥膏擦，尿布疹有很多成

因，如果狀況有點嚴重，請勿自行亂猜應就醫請專業的小兒科醫師診斷。

3、大便要馬上水洗屁股

現在很多月子中心會教，也可以尋求管道學習，這是新手父母必備技能一定要學會，家裡環境許可，請每次都水洗屁股，如外出才使用濕紙巾，個人經驗使用濕紙巾還是會紅屁股。

4、考慮細菌感染

以上方法你做了，還是持續一週未改善，或是狀況有些嚴重，請直接諮詢醫生，必須配合醫生指示用藥才能治療。

三、熱量不足的症狀及猛長期

或許很多新手媽媽都有一個疑問，就是怎麼知道自己的孩子要加量了？我想大部分人都聽過「猛長期」這件事情，親餵會縮短時間，頻繁討奶，瓶餵要增加奶量。猛長期就是指孩子要生長，原本的熱量不足以提供，需要提供更多熱量，在孩子滿月、第6週、第8週、第12週或月齡更大會遇到孩子的奶量食量上升，簡單來說就是他要吃更多了，可注意孩子散發的訊號提供更多奶量。

（一）較輕微的表徵

以下狀況假設孩子本來就有規律作息跟學會自行入睡者，如發生以下狀況為熱量不足的表徵：

◆小睡不穩提早醒。

◆長睡眠不穩提早醒。

◆長睡眠中間的轉換時期會哭得很大聲且難安撫。

◆即使孩子剛睡醒，原本穩定的孩子，突然情緒不佳，已排除其他如尿布濕等原因。

如果您的孩子尚未有作息及不會自行入睡，有上述這些表徵不一定是孩子熱量不足，有可能是混合其他原因，但您仍可以根據月齡思考是否為熱量不足問題。

（二）較嚴重的表徵

以上狀況都沒發現，就極有可能變下列現象：

◆大聲哭鬧討奶討飯吃。

◆原本已經沒有夜奶又恢復夜奶。

◆早上提早大哭討奶討飯吃。

以上狀況是假設您的孩子已經有規律作息跟學會自行入睡，也就是這些表徵會發生在原本好好的，突然又變調的狀況，例如孩子本來小睡都能睡滿2小時，結果突然間變成只能睡1小時，起床後蠻鬧的要討奶喝，這就是熱量不足的症狀。

那假設孩子是一直都這樣，或是從出生就開始，通常就跟熱量不足無關，而是一直都沒有看懂孩子的哭聲或行為暗示的意思，一直誤判給錯回應造成的，例如孩子一直都只能小睡半小時就起床哭鬧，這

通常是孩子想要繼續睡但無法自己睡求救的訊號，即為銜接睡眠不順的哭，結果照顧者一直誤解孩子肚子餓頻繁給奶，造成孩子每次都喝不多，頻繁泡奶餵奶疲於奔命，最後孩子還養成奶睡習慣，還始終不明就裡覺得孩子很難帶，正確的處理方式是當孩子月齡小於3個月內要培養別的哄睡習慣，滿3個月後應練習自行入睡。

所以說養孩子應該有一套科學方法，而不是隨便依直覺養，規律作息在此就非常重要，沒有規律作息者問題混在一起，無法抽絲剝繭解決；有規律作息的媽媽往往及早發現問題，自然能輕鬆解決，大人輕鬆孩子也吃飽睡飽過得很快樂。

四、4～6個月的奶量與副食品量

有些媽媽會加入副食品，副食品一開始會有水分，由於副食品是固體，熱量會比奶多，在加入副食品之後，因為熱量難以計算，但這不代表媽媽就不用再算了，或者是覺得副食品「有吃到就好」，因為熱量是有關孩子晚上是否會因為熱量不足，起來討夜奶的關鍵，特別是4～6個月期間，孩子的總熱量需求高，而副食品又暫時量起不來，沒有對孩子應有的食量、作息全盤了解的狀況下，很容易又再次恢復夜奶，此時非常容易變成習慣性夜奶，甚至拖到了6個月後，就再也改不掉的狀況。

一般來說，接近4個月時，每日總奶量會來到最高量的1000～

1200ml左右，而孩子再怎麼努力喝也頂多只能喝這樣，在此時加入副食品，增加熱量攝取可以補充不足部分。

在副食品的部分，有些媽媽會希望能到6個月後才開始，而願意在此時就開始副食品的媽媽，也不應把希望放在副食品上，因為普遍一直要到滿6～7個月以後，副食品的量才會上來，在4～6個月，應該是把重心放在讓孩子不排斥副食品，覺得有趣好玩，以及多練習吞嚥技巧。

副食品與奶量的比例——

副食品：奶＝15ml：30ml。15ml的副食品可以抵30ml的奶。

這時期極有可能會碰到孩子厭奶的狀況，其實在6個月後也常會遇到孩子有一陣時期厭食厭奶的狀況，但因為超過6個月～1歲中間，副食品通常已經量上來了，還厭奶就可以直接把奶減少增加副食品。不過4～6個月期間，因為想要用副食品取代奶可以說是緩不濟急，不要期待「有吃副食品好像熱量就夠了」，這時期是最容易陷入熱量不足的陷阱中，請一定要檢視下列幾點：

1、副食品如果一天沒有吃到總量100ml以上，總奶量還是要維持住基礎熱量。

2、通常換算下來大概是瓶餵至少5餐，每餐約180～200ml，親餵建議為至少5～6餐。

五、4～6個月時厭奶的處理方式

差不多到孩子3個月以後，會遇到孩子突然間不太喜歡喝奶，症狀通常如下：

◆喝奶的時間喜歡東張西望、手亂揮、頭亂晃。

◆因為這樣突然夜奶次數變多、或原本沒有夜奶又恢復夜奶。

◆夜奶反而喝得很好，或昏昏沉沉才會喝奶。

這些就是「厭奶期」。有關厭奶我個人的看法是這樣，因為孩子能看得更遠，突然間發現自己的身體或手，好奇心變重了，或有另一種說法是說孩子喝了3個月的奶很膩了，需要加點副食品來調劑一下，當然，4～6個月時要不要吃副食品，則是另一個議題，也不是本書討論的範圍。

解法：

方向一：調整姿勢跟餵奶環境，專心喝奶

◆更改奶嘴頭流速，把奶嘴孔換大一號。

◆換人餵。

◆如果孩子手揮舞的很嚴重，可用包巾固定孩子的手，或用腋下夾住孩子的一隻手，一隻手抓住。

◆白天喝奶故意搞得跟餵夜奶一樣，燈全關只剩一盞小燈，看不太到就會專心喝奶，喝完馬上開燈；雖然如此仍不可讓孩子邊睡邊喝，等到孩子已經沒有厭奶後就要馬上改回來，避免孩子誤會而日夜顛倒。

方向二：拉長餵奶間隔

順勢將孩子原本3小時喝一次的餵奶間隔改成4小時一次，但此舉可能會造成有一餐變成夜奶。您可以搭配前幾節判斷孩子是否需要多一餐奶，通常不建議原本已經沒有夜奶的孩子，因為這樣又恢復夜奶，我會建議您採長睡眠的前2餐縮短成2.5或3小時就餵，其餘餐數仍為4小時餵一次。

方向三：改善腸胃問題

◆有些孩子在吃一些益生菌後會增加食慾。

◆讓孩子多踢腿增加活動量或喝奶前按摩肚子，幫助排氣也可增加孩子的食慾。

方向四：增加副食品

如果孩子因吃奶吃膩了，通常會很願意副食品且吃得不錯，可以多鼓勵孩子把副食品的量吃起來，4～6個月能吃到每天100g以上就很不錯了。

觀念釐清：想以母乳為主，不想那麼快餵副食品

有許多書籍都會建議如果是想以母乳哺餵的媽媽，不要那麼快餵副食品，或先餵母乳再餵副食品，通常親餵母乳者較少厭奶問題，這種厭奶情形比較容易發生在瓶餵，然而如果您的孩子嚴重厭奶，以上的方法都嘗試過了，表示孩子比較喜歡副食品，請增加副食品量。

孩子都是一陣一陣的，現在喝奶膩了想吃副食品，副食品吃一陣子膩了之後又會想喝奶的。

不正確的處理方式是硬要給奶，不尊重孩子想斷奶的需求，請記得母奶的初衷是為了孩子，自然應該以孩子的需求為主，如孩子想自行離乳，應思考著除了母奶未來還有很多時間及地方孩子需要你，不要被「失落感」或「不被需要」給占據迷失了。

如果您因為一些原因，仍堅持應先餵母奶再餵副食品，或仍不願意4個月後餵副食品，想6個月後再餵，如原先已自然戒夜奶的寶寶，請您就要有心理準備4～6個月間，有極大可能會恢復夜奶。最後仍須提醒，無論厭奶情形如何嚴重，最早餵副食品的時間是滿4個月才可以開始餵副食品。

3～6個月的時期，因為奶量跟作息會息息相關，奶量下降可能會造成夜奶跟奶睡的情形變嚴重，因此可以試試上述方法改善喝奶的情形，這時的底限就是不要奶睡，增加白天餐數、盡量不要增加夜奶的次數，等6個月以後副食品有起來，食量就不是影響有無夜奶的重要因素了。

第五章
吃飯

副食品觀念整理

　　在學習吃飯的過程，如同教導睡眠一樣，需要隨著月齡引導，而非拿較大月齡的規則來規範生理尚未準備完成的孩子，也不應拿月齡小的規則套在月齡大的孩子身上，訪間有許多書籍會教導如何製作副食品，以及一些簡單的基本概念，然而對於照顧者來說，永遠最困擾的都是做好的副食品孩子不肯吃、孩子的食量很小是3口組成員、孩子不肯坐餐椅吃飯、孩子會嘗試從餐椅爬出來、邊看影片邊吃飯、邊玩玩具邊吃飯、挑食、不喝水等等，而這些書上鮮少著墨。一歲以前副食品吃得多，有許多成功因素，本章即為提供個人的教養心得提供您參考。

一、副食品啟蒙期：4～6個月

（一）副食品加入時機

　　副食品加入時機為滿4個月～6個月，加入的時機早晚好不好這部分有許多種不同醫學上的說法，但不是本書所探討的，若考量到孩子一天的基本熱量，如果您的孩子奶量已經來到每餐180～240ml，每日的總奶量需攝取接近1000ml，這時就必須考慮加入副食品，否則容易

熱量不足。請記得副食品的啟蒙期，中心思想是建立孩子對於副食品有輕鬆快樂的聯想，這時期有許多照顧者會很容易做錯，造成孩子對於副食品的陰影，進而可能影響到6個月後孩子不喜歡副食品。

（二）副食品概念

孩子的腸胃才開始發展，所以一開始為了避免孩子過敏，必須循序漸進：米湯→十倍粥→五倍粥→蔬菜→水果→肉（7個月後）→海鮮（1歲以後）

概念上大致是這樣，但蔬菜水果中仍有一些是容易造成過敏的，例如：芋頭、柑橘類、奇異果、玉米等，市面上講副食品有很多書籍可以參考，礙於篇幅僅提供概念。很多人都知道嬰兒的飲食要清淡，不可以加調味料重口味，加調味料建議1歲多以上才加。

另外一開始最好不要把副食品弄得太甜，這是因為嬰兒只有甜的味覺，如果一開始就讓孩子吃得太甜，很容易那些清淡的副食品就吃不下了，糖份也很容易造成嬰兒睡不好。有許多人喜歡買市售的米精，沖泡很容易，因為早期（＜6個月）的需求不高，不過可能造成過敏，二來是米精通常很甜。

（三）副食品過敏探討

副食品有很多派系，這邊提供2種比較常見的派系：

1、多方少量嘗試：這是個人比較推崇的做法，餐桌上的食材都可以一點一點嘗試，早期必須打泥（＜7～9個月）。

第五章
吃飯

2、逐步加入食材：適合容易過敏的寶寶，從米湯→十倍粥→五倍粥開始，逐步加入低敏的新食材，吃了2～3天沒問題再加入新食材，這樣的做法比較容易找到過敏原。

如果吃了某個食材過敏，可以等1歲再試試看，還是過敏可以再等半年再試看看，如果等到了3歲還是會過敏，那大概孩子就是會過敏了。過敏有很多症狀，如：打噴嚏、皮膚紅疹、會癢、鼻塞、腹瀉、過敏圈等。

（四）便祕與喝水

開始吃副食品就可以練習喝水，一開始可以湯匙練習，之後可以給水杯開始練習，各月齡喝水量需參照醫師及衛福部建議量，切勿餵水過多。

有些孩子吃了副食品後，很容易便祕，錯誤的做法是以為跟成人一樣，加很多蔬菜打泥，事實上，蔬菜纖維要有作用必須要有大量的水量，不夠水反而容易便祕，孩子在1歲前喝不到那麼多水，反而容易便祕。便祕可以嘗試黑棗汁、火龍果等利便食材，平常打泥時不需刻意濾掉油脂，油脂也是幫助排便的腸道潤滑劑。

（五）副食品餵食的時間

一般而言6個月後，母奶會比較容易消化，大約3～3.5小時就會肚子餓，配方奶大約3.5～4小時會肚子餓，副食品則看濃稠度約4～6小時，等到完全與大人固體食物相同則需要至少6小時消化時間。

1歲以前，奶為主食，副食品的餐數羅列如下：

4～6個月：1餐副食

7～9個月：2餐副食

10個月：3餐副食

以上是大約數值，到了副食品吃飯每個孩子的發展差異會開始變大，要以自己孩子的實際狀況為主，上述為參考值。除非厭奶非常嚴重，否則一般建議到6個月才能以副食取代一餐奶。

1、常見做法優缺點分析

（1）奶＋副食品，間隔不相差1小時

優點：奶先喝會喝的較多。

缺點：副食品會吃的較少。

一般來說以母奶為主，一歲以內希望孩子奶喝得較多的做法。

（2）副食品＋奶，間隔不相差1小時

優點：副食品先吃會吃的較多。

缺點：奶會喝的較少。

希望副食品增量，能取代奶為一餐的做法。

（3）副食品與奶，間隔1小時

（4）副食品與奶，間隔2小時

優點：有時間準備、可慢慢餵。

缺點：飢餓循環不易形成。

第五章
吃飯

至於先餵奶還是先餵副食品則要看孩子的特性，一般而言有幾個準則：

◆ 有些孩子肚子餓會不願意吃副食品，可以先給一點奶，中間給副食品，再補奶。

◆ 有些孩子吃了副食品後，累了失去耐心不願意喝奶，如果您覺得孩子的副食品量仍太少，或是前期（＜7個月）需以奶為主，就採先奶再副食品。

2、副食品餵食時機點

（1）大部分的孩子在剛睡醒後10～30分鐘精神最好

剛睡醒10～30分鐘剛好有餓的感覺最佳，如果排吃副食品在睡前半小時，孩子即使餓也已經開始累了多半都會很生氣，久了就會不肯吃了。

（2）不要在睡前的1小時內餵副食品

大部分孩子在想睡的時候，會吃得很不好，即使可以吃得不錯的孩子，吃太飽也會因為消化影響睡眠。

（3）先餵副食品再餵奶的狀況

有些孩子肚子很餓的時候會氣到不肯吃，可以先餵一點奶再吃副食品；有些孩子則是喝了奶之後就不肯吃副食品，或是有厭奶情形的孩子，這樣的孩子就必須先餵副食品再餵奶。

（4）避免過累與過餓問題

孩子過累或過餓的時候，吃飯的狀況一定會很差，要盡量避免這樣的情形。

（六）補奶&副食品增量準則

例如副食品＜60g，請泡原本的量看孩子喝多少。如果都喝光表示60g不夠他吃，如果有剩就知道下次要泡多少。一般而言，副食品＞150g可以試著取代一餐，先不泡奶看寶寶什麼時候肚子餓。如果提早肚子餓表示副食品可以再加量，如果都吃光表示可以慢慢加上去。

（七）一天進食的時機

一開始建議可以早餐餵，不要等到中午過後，主因是如果發生過敏，晚餐餵怕找不到醫生處理。有許多媽媽會拖到了7個月，早上還是習慣先餵奶，過了10點才開始準備餵早餐，建議應該可以利用冰磚，或前一天晚上先做好再溫熱等方式，也可以購買市售副食品節省時間，不應每日總是睡過頭無法早起，讓孩子白天沒吃夠，晚上起來討，又惡性循環，晚上夜奶影響孩子的睡眠，長期下來孩子沒睡飽，吃也吃不好，自然長不高長不大。

（八）加米糊在奶瓶（Ｘ）

有許多長輩會告訴你，把米糊或米精加在奶裡面，或直接泡在奶瓶給孩子喝，吃副食品就是要用湯匙練習，絕非開倒車讓孩子用奶瓶喝米糊米精，這樣也不會讓孩子戒掉夜奶的。

（九）口感

這時候孩子尚在學習如何吞嚥，直至6個月前多半不喜歡有顆粒的口感，因為這會增加孩子吞嚥的困難，請記得4～6個月的副食品啟蒙期，重點是放在讓孩子習慣「用湯匙吃飯」這件事情，而且要讓孩子覺得輕鬆愉快，因此多半在此時幫孩子準備副食品的口感，必須要打的非常滑細，最好自己吃一口看看，吞嚥時是否有顆粒感，個人經驗是準備如同市售果汁無顆粒感的飲品一樣的口感，建議可以加上本身會甜的南瓜或地瓜打成像水一般的水湯，一般孩子的接受度都很高，也不如果汁那麼甜。

觀念釐清：有人說米湯吃不飽？要趕快讓孩子嘗試固體食物

有許多人對於副食品一開始幾天準備米糊，或是打的水分很高，打的很細，多半都有疑慮，這樣子孩子真的吃得飽嗎？就如同一開始所述的，在副食品啟蒙期，必須建立孩子的良好經驗，如果一開始就有顆粒感，將會增加孩子作嘔的機率，增加挫折感，久了孩子就會覺得：「這不好玩」，開始對吃飯很排斥。

當然不可能一直都吃米糊，隨著孩子的成長，要增加顆粒感，但絕非是尚在啟蒙的階段，就如同本章節一開始的描述，吃飯也是隨著月齡不同，應有不同的教養方式跟觀念，往往這個月與下個月的觀念就大不相同。

（十）食量

6個月以前，由於是建立孩子練習用湯匙吃副食品的階段，因此此階段尚不要求量，此時對於熱量的補足是緩不濟急。不過如果孩子厭奶很嚴重，試過的厭奶處理方式仍無改善，通常只要照顧者掌握此階段上述餵副食品的重點，孩子的副食品都會吃得不錯，如果孩子的副食品量能達到每餐100g以上，每日有一餐，就非常不錯，一般而言如滿4個月即開始副食品，接近6個月時，至少可以吃每日一餐，每餐150g以上。如果副食品吃得很不好，就要用心於奶量，以免熱量不足。

（十一）餐椅及湯匙

這期間孩子尚無法坐穩，反而因為孩子支應坐穩的腹肌尚未發展完全，就算可以坐著，連續坐10分鐘以上都非常辛苦，因此照顧者若強硬要求孩子坐在餐椅上，會讓孩子覺得非常痛苦，造成孩子對於副食品有陰影。這時的「餐椅」可以是寶寶安撫椅、推車，或甚至抱餵

都可以，只要照顧者操作方便、清洗容易即可。如果孩子的手揮舞得很嚴重，可以用肚圍把孩子的手包起來，但此非必要，如孩子的手並無嚴重影響，並不一定要包住孩子的手。

湯匙的選擇應該為淺、小口、軟的湯匙，不一定要非常名貴，但此時需要購買專用的湯匙，用一般的甜點用鐵湯匙對於此階段的孩子仍太硬了。如果孩子想跟您搶湯匙，可準備一個一模一樣，或是固齒器讓孩子抓握。餵食的時候，請放在孩子的嘴邊，而非一口就深到孩子的嘴巴裡，這樣會讓孩子作嘔，產生不好的聯想。

二、增量：6～8個月

如果您此時才要開始副食品，請您參照前一階段建議，開始孩子的第一口副食品。6個月以後，副食品的量會慢慢上升，6個月以後的厭奶，比較好的做法是往增加副食品量的方向下手。6個月以後孩子不管厭食或厭奶，原則上不是影響睡眠的主因，這時期影響孩子頻繁夜醒的主因通常是不會自行入睡，也就是一直以來入睡方式都是不恰當的奶睡或抱睡，就必須往入睡方式方向下手。然而這並不代表您無須注意孩子的食量，畢竟孩子吃飽，小睡跟長睡眠自然比較不容易起來。

有些父母則會因為「1歲前奶是主食」，就自我安慰「副食品有吃就好了」，正確的副食品量還是隨著月齡不同，您可參考衛福部網站

中的「嬰兒一日飲食建議量」，來看看自己孩子的「食量」是否落在合理的範圍內。

可以粗分為7～9個月及10～12個月，到了副食品的階段，隨著每個孩子的發展不同，會有比較明顯的差異，有些孩子會比較慢才願意吃較硬的食物，而有些孩子甚至10個月就要吃普通白飯，每個人的發展不同，無須強求，這個〈附錄‧嬰兒每天飲食建議表〉，也有換算的建議值。

（一）食量：可有5餐奶，若副食品吃得好可取代一餐奶

奶量：每次200～250ml

食物：參考〈附錄‧嬰兒每天飲食建議表〉

（二）口感

大部分的孩子仍然喜歡滑順棉密，有水分的口感，仍然還不能接受顆粒感，可能會作嘔，但隨著月齡接近8個月，照顧者可以嘗試準備打沒那麼多水分的口感，或是增加顆粒感，不打那麼細，因為多半孩子隨著牙齒長出來後，會喜歡吃較有口感的食物。

如果您的孩子副食品吃的不好，可以嘗試打稀或打的有顆粒，或甚至直接給大人餐桌上的無調味食物（注意食物內容勿讓孩子噎到造成危險），有些孩子並不喜歡吃泥。然而，如果您給較偏向固體的食物，即為接近大人餐桌上的食物，孩子仍然是3口組，吃得很不好，這樣代表孩子仍可能是喜歡有水分滑順棉密的口感，問題可能出在過去

有不好的經驗身上，請您參照前一階段建議的內容，看看是否曾誤讓孩子留下對副食品不好的記憶。

（三）時機

這時孩子的每日進食內容應接近如此：

早餐奶

早餐

奶

晚餐

晚安奶

或是

早餐奶

奶

午餐

晚餐

晚安奶

即至少一天要有2餐的副食品及3頓奶，這2餐副食品的量應有150g以上，每餐奶也應至少有180ml以上。由於副食品的飽足感較足夠，因此建議您安排一餐在晚餐，讓孩子晚上不容易肚子餓，此餐須避免加入新食材，以免孩子過敏。另一餐安排在午餐或早餐皆可，最晚到8個月以前，早餐須開始餵副食品。

如果孩子的奶量始終起不來，或孩子厭奶很嚴重，應該更著重增加副食品的量，每餐先餵副食品再餵奶，如果孩子已經吃到150g以上即可取代一餐奶，提早每日3餐也是可行的，須注意水分的補充即可。這時期仍然會有因為過累而不願意吃飯的狀況，大部分孩子都不適合在接近快睡覺的時間食用副食品，最晚必須在睡前1小時吃完。

（四）餐椅

此時大部分的孩子尚無法坐穩，因此您可租用幫寶椅，或是在安撫椅上餵食，可逐步讓孩子習慣坐餐椅，或許對於您來說，看起來孩子像是已經可以坐穩了，但對於孩子來說，目前的月齡要讓他坐在餐椅上10～15分鐘，就已經需要消耗許多體力了，因此最容易犯錯的地方就是讓孩子坐在餐椅上過久，例如把餐椅當遊戲床、推車、圍欄，在做家事、煮飯、製作副食品時，放孩子在餐椅上，這樣會讓孩子對餐椅有不好的聯想，他會覺得餐椅像是監獄，進而排斥餐椅跟用餐；如果您的孩子還尚未能坐穩，您仍然可以像上個月一樣讓孩子暫時在安撫椅或幫寶椅上用餐，直到8個月前，都還不需要求餐桌禮儀，超過8個月以後，就可讓孩子漸漸習慣坐在餐椅上吃飯，不管是什麼月齡階段都應做到用餐時環境與餐椅和非用餐時不同，不應混合而讓孩子對用餐有不好聯想。

第2個容易犯的錯誤就是用餐時間拖得太長，由於孩子專心坐著只能持續10～15分鐘，因此動作迅速在15分鐘之內把餐點餵完是首要重

點，有許多人在此時就要求用餐規矩，或是餵食的動作很緩慢，這樣對腹肌尚未發展完成的8個月前嬰兒來說是很辛苦的。

（五）用餐教養問題

有些孩子發展較早，從6～7個月開始，就會有下列行為，教養已經開始，遇到錯誤的行為，身為父母必須矯正，然而態度必須肯定，不必兇不必打罵。

1、從餐椅爬出來或站起來：一旦看到孩子開始會從餐椅裡爬出來，您可以抓住他的腳放回餐椅該放的位子上，跟他說：「請坐好，腳放下來」，語氣不用兇，但也不能太柔和，肯定句直述即可。

2、丟東西、玩食物：您可能會覺得孩子把食物放在頭上很好笑而不小心笑出來，然而這樣的行為是肯定孩子的作為，另一種過於極端的做法則是因此處罰孩子，但這麼小的孩子並非故意丟東西玩食物，就算馬上打孩子，也可能會讓孩子覺得莫名，打得太輕，則會讓孩子以為是在跟他玩，總結來說，打罵的處罰與玩笑的處理，都不是正確處理孩子這樣行為的態度。

正確的處理方式應該是同上一個行為，不必大驚小怪，不必情緒化，僅說「吃飯」，並用手制止他的行為即可，最好是孩子一有想丟或玩食物的行為時，就出手制止他，說：「吃飯」，或說：「菜是用來吃的」。

（六）厭食

通常此時的厭食多半為下列原因其中之一：

1、過於頻繁的夜奶：晚上喝飽了，白天吃不下；反正晚上有得喝，白天不用吃飯。

2、副食品與奶的間隔時間太小：餵食副食品的間隔應至少4小時以上。如果覺得副食品吃的量不足，補奶的時間應該為1小時以內。

觀念釐清：孩子每日的總食量是固定的

人類在沒有任何人工添加物影響賀爾蒙及腦的判斷下，每日總食量是一個固定的量，並不會因為您頻繁餵食，增加或是減少餵食的次數，而影響總食量。少量多餐，在正常且未接觸過人工添加物的孩子來說，並不會增加總食量，因為怕孩子肚子餓，過度頻繁的餵食，每頓飯的間隔時間太短，不但孩子沒有肚子餓的感覺，每次都吃少少，大人還要疲於奔命的準備。

如果您的間隔時間太長，有部分的孩子會即使肚子餓也可以照玩，但晚上會因為肚子餓起來討夜奶，這也是您必須要注意的地方。如果您的醫生基於健康考量，例如容易吐奶的3個月內，告知您孩子需少量多餐，則不算在此範圍內。

3、口感太濃稠、溫度太燙：副食品改成容易入口滑順的細泥，另外有一個小細節要注意的是，通常打成泥很像濃湯，表面摸起來都涼了，最底下裡面可能還是非常燙。

觀念釐清：一直吃泥會影響孩子的牙齒及肌肉發展

在餵副食品其實就如同百歲親密派一樣，也分許多派系，您可能會聽說百歲派堅持讓孩子吃泥到非常大，在另一派BLW派的看法，認為這是嚴重影響到孩子的牙齒發展，嚴重者甚至會有小齒症，因為一直吃泥，讓孩子無法練習咀嚼，一直餵食，也讓孩子的手部小肌肉無法練習。

BLW對於孩子有許多好處，孩子自己進食，一方面練習手部小肌肉發展，一方面隨著月齡增加口感，讓孩子練習咀嚼，自己吃飯多半孩子也都吃得不錯，唯一的缺點就是媽媽要在孩子用餐後收拾善後，還有如果遇到孩子玩食物的時候，照顧者不當的反應，過與不及都會造成孩子用餐規矩不佳。每個孩子的氣質不同，教養的方式也不同，派系之間也不必陷入口水戰，而是應該了解派系作法的背後的緣由，例如百歲派建議如此，是由於安全性考量，吃泥到很大；而要實施BLW的媽媽，也不應

在毫無了解下就實施，應該在徹底了解安全注意事項，並且學習哈姆力克急救法。

觀察孩子的氣質採取合適的反應，如果孩子吃大人的食物總是只願意當3口組，或許朝向改變口感可以讓孩子願意吃多：打成非常細含水分高的泥，在幫寶椅或安撫椅上，以迅速10-15分鐘內餵完。相反的，如果孩子吃泥總是只當3口組，那麼或許嘗試給大人餐桌的食物，讓孩子自己吃看看，孩子會突然胃口大開（注意食物內容勿讓孩子嗆到造成危險）。其實不管您現階段是採取BLW或是傳統打泥，到了一定的月齡後，通常是下個階段，約10個月前後，孩子會想再吃更接近大人的固體食物，這時就不必再拘泥於「泥」上了，增加顆粒感，孩子通常又會恢復以往愛吃的寶寶。

（七）安全問題

光是從泥到吃正常食物的方法論也有許多派系，但不論是什麼派系，都應注重安全問題：

1、不可餵食堅果類食品，如瓜子給5歲以下幼兒，連咬碎也不可以，非常容易發生意外嗆到氣管須送醫急診。

2、為避免食物卡在氣管造成危險，未滿一歲時，給小孩的副食品

都應由大人先實驗自己可不可以用牙齒與用舌頭頂到上方能碾碎，吞下沒有顆粒狀。

3、上述不代表每一口您都要這樣咬碎後給孩子吃，如食物先由大人咬食後再給孩子吃，會傳染病毒，除了會傳染蛀牙菌、感冒細菌等，還有皰疹病毒會造成口腔潰爛。

4、請勿讓孩子邊走邊跑邊吃，食物非常容易嗆到氣管。

5、請學習嬰兒版的哈姆立克急救法。

6、1歲以內的孩子不可以吃蜂蜜，有致命危險。

7、不可給予整顆果凍，以免噎到卡在喉嚨。

8、不可給吃生魚片生菜及未煮熟的蛋，以避免食物中毒。

關於食物安全請洽各大小兒科醫生，或可於打預防針時諮詢相關衛教。

（八）手指食物安全性

孩子約9〜12個月時，會有一陣子拒絕湯匙餵食，這就是代表孩子想自己吃的時候，可以開始給予手指食物。孩子吃手指食物整體食量會下降是必然的，畢竟孩子已經開始吃真正的食物，而非加了很多水的食物泥。

不可讓孩子在一個人的情況之下吃手指食物，以避免意外發生時無法及時發現。考量孩子可能沒有足夠的能力咬，手指食物必須柔軟、避免硬的東西（如蘋果丁）、去皮、去骨頭（特別是魚）、食物

大小約大人的小指頭一節。

三、餐椅啟蒙期：8～10個月

（一）食量

奶量：一天可有4次，一次200～250ml。

食物：參考〈附錄・嬰兒每天飲食建議表〉

（二）口感

可先參考6～8個月的口感方式處理，有的孩子仍喜歡含有水分的偏泥口感，有些孩子卻喜歡接近大人食物的口感，可多做嘗試，勿將自己及孩子設限。

（三）時機

8個月以上因過累而吃不好的狀況較少，但仍須注意不要在孩子累的時候吃飯。

（四）餐椅

這時多半孩子能坐穩一段時間，是時候讓孩子練習坐餐椅了，但仍須注意不要讓孩子在餐椅坐太久，避免給孩子有「餐椅監獄」這樣不好的聯想，在準備餐點期間，或是在做家事時，請勿貪圖方便讓孩子在餐椅上等，用餐就是在餐椅上，反之，非用餐期間就不應坐在餐椅上，以免孩子對餐椅有不好的聯想。此外，為了避免爾後在後面追著孩子吃飯，這樣的孩子非常容易成為三口組，此時一定要把握時

機，讓孩子知道用餐就是在餐椅上，並且堅持教養。

觀念釐清：孩子一直想從餐椅爬出來怎麼辦？

有許多無法讓孩子坐在餐椅上吃飯的照顧者，總是有許多理由：「我的孩子不肯坐在餐椅上吃飯」，其實他們是錯過了最佳教養時機，或者是用錯了方法。常常看到網路上說：「可是我的孩子就是會想要爬出來」、「有阿！我有說阿，我都會說：不要爬出來，可是孩子還小又聽不懂沒有用」，這些都是經常隨處可見的回答，另外一派的人則說，要打才會懂，然而，這些都是不對的方式，難怪無效。

正確的方式其實很簡單，當孩子想從餐椅爬出來時，就抓住他的腳，放回去餐椅的洞，讓孩子坐好，說：「請坐好，腳放下來」，語氣不用兇，但也不能太柔和，肯定句直述，就這麼簡單而已。其餘包括此階段的丟東西、丟食物等餐桌禮儀的教養，也可同上方式教導。正確且正向的教養，必須要在了解孩子的發展過程後，在適當的時機，做正確的教導。

（五）厭食

◆可能是口感不對：孩子想吃更有顆粒的東西，請不要再餵泥，準備打不那麼碎的泥，或更往固體階段邁進，泥→不打那麼碎→軟飯→正常固體食物。

◆可能是吃飯中想休息一下，可等個10分鐘休息。

◆可能是吃飯中想配湯水，可提供湯水休息一下。

◆可能是想吃點有調味的食物，可以添加一點天然調味，如：昆布打成粉、香菇打成粉都是不錯的天然調味料。

◆另外還需檢討餵食的間隔與作息，可能間隔太短了，請調成三餐並有4～5.5小時以上的間隔。

四、合理餐桌禮儀：10～12個月

（一）食量：每日應有3餐＋早晚2次奶

奶量：每次200～300ml

食物：參考〈附錄・嬰兒每天飲食建議表〉

（二）餐桌禮儀

正向教養的準則是不帶情緒的肯定句型，重複多次告訴孩子，無需大聲怒罵打孩子，面對孩子的錯誤行為，溫柔的告訴孩子也多半沒有用，使用「肯定句型」、「語氣正向威嚴」，告訴孩子「清楚正確的行為」，才能帶出不帶有否定記憶的孩子。

1、想站起來

不說：「不要站起來」

要說：「請坐好」，同時將孩子的腳放回餐椅上，幫助孩子正確坐好。

2、丟食物、餐具

不說：「不要丟食物」

要說：「請把○○放嘴巴」，並在說的同時把孩子拿著食物的手放到嘴巴裡。

如果丟的是碗盤，可買附有吸盤的碗盤，或仍然可以帶著孩子把盤子放桌上，並說：「把碗放桌上」或「把盤子放桌上」。

提醒您，通常會有這個問題的是BLW派的媽媽，如果您外出吃飯，請考量餐廳清潔人員的辛苦，可鋪上自己帶的報紙或地墊，或乾脆餵孩子。

3、丟東西

不說：「不要丟東西」

大人應有的反應：無須制止、無需撿起來、無須生氣、不當作一回事

此時的做法與1歲半後的處理方式不同，由於此時孩子丟東西是一種測試東西丟到地上會有什麼狀況的探索期，故此時出現此行為，無須制止，如果您覺得一直你丟我撿，非常煩悶，應該使用一些替代方式。

替代方式：您可以用一些綁繩或固定裝置將玩具固定在餐桌上。又或者是在自己家中無所謂的環境，您可以完全不去撿。

4、想玩玩具、看3C、電視

吃完飯如果孩子能在餐椅上等，您可以給玩具，如果孩子不能等，吃完飯可以讓孩子下餐椅，不過如果外出吃飯時，請看好孩子勿讓孩子在店內走來走去，如撞上服務人員熱湯或餐點翻覆，非常危險。

如為用餐途中想玩玩具、看卡通等等，孩子覺得吃飯很無聊，通常為非BLW派，可以朝向改為BLW派，如果有實行上的困難，可斟酌給一些非玩具及卡通的折衷方式，例如放音樂、給一些安全餐具讓孩子把玩。

5、厭食

可能是中間想喝水、休息，可等個10分鐘再餵食。檢查口感是否想吃更有顆粒感的食物或軟飯，也有少部分孩子可以吃成人的食物口感。

五、超過1歲後厭食的處理方式

（一）12～18個月的厭食

檢查餵食間隔，特別是點心時間與零食；檢查口感，孩子是否完全傾向吃成人的固體食物，也有可能孩子比較喜歡吃軟一點的食物，

不過為了孩子的牙齒及咀嚼發展，請不要退化回泥或打碎的泥；檢查調味，這時孩子的味覺發展完成，如果煮的跟1歲前一樣無調味，一旦孩子有吃過外面的食物，就不太想吃家裡的了。

此外，此時之後的用餐規矩很重要，至少必須要求孩子坐在餐椅上，否則追著餵厭食問題會更加嚴重，用餐規矩的部分請參閱上述：〈四、合理餐桌禮儀：10～12個月〉之原則處理。

（二）1歲半～3歲的厭食

指定食物：請準備多樣的食物供孩子選擇，如果孩子不吃，指定媽媽要煮某些食物，請告訴孩子：「只有桌上這些食物可以選。」必須要求用餐規矩，而非又急忙忙去煮孩子指定的食物。準備食物時，可以準備一些孩子喜歡的食物，通常此時孩子會非常強調一致性，也就是可能會重複吃某一種食物。

一致性：孩子接近2歲時，會呈現明顯的「秩序期」，秩序期要求凡事要有規律，例如用餐要聽固定的兒歌、用固定的湯匙跟碗、有一定的吃飯順序、只吃某種食物、只能接受某種食材的某種調味，例如只接受吃飯，不願跟菜混在一起吃，這些都是孩子可能生氣厭食的地方，建議您可以接受並同理孩子的行為，無傷大雅的習慣無須與孩子硬碰硬。

活動不夠多／點心吃太多：刪除點心時間，增加孩子的活動量。

歡迎加入
寶寶睡好覺

（三）3歲後的厭食

活動不夠多／點心吃太多：刪除點心時間，增加孩子的活動量。

　　另外提醒您，以上各月齡厭食如嚴重影響到生理曲線，請諮詢醫生。若嘗試過各種方式仍無效用，請考量是否有病理性代謝因素，並諮詢醫生接受進一步檢查。

附錄・嬰兒每天飲食建議表

嬰兒一日飲食建議量

年齡（月） 食物種類	1-4	5-6	7	8	9	10	11	12
母乳或嬰兒配方食品	母乳或嬰兒配方食品 （以母乳為主）							
全穀雜糧類		嬰兒米精、嬰兒麥精或稀飯4湯匙		2-3份		3-4份		
蔬菜類		菜泥1-2湯匙				剁碎蔬菜2-4湯匙		
水果類		果泥或鮮榨果汁1-2湯匙				軟的水果（剁碎）或鮮榨果汁2-4湯匙		
豆魚蛋肉類			開始嘗試給予蛋黃0.5-1份			開始嘗試給予高品質蛋白質食物1-1.5份		

・母奶及嬰兒配方食品餵養次數主要仍依嬰兒的需求哺餵，嬰兒配方食品沖泡濃度依產品包裝說明使用。

・嬰兒於7-12個月除了上述食物，仍會攝食母乳或配方奶，故熱量應會足夠。

・一湯匙＝15克。

（資料來源：衛生福利部國民健康署《嬰兒期營養參考手冊》）

國家圖書館出版品預行編目資料

歡迎加入：寶寶睡好覺／陳心心（inonat）著. --
初版.--臺中市：白象文化，2020.5
　　面；　公分
ISBN 978-986-358-974-7（平裝）
1.育兒 2.睡眠
428.4　　　　　　　　　　　　　　109001225

歡迎加入：寶寶睡好覺

作　　者　陳心心（inonat）
校　　對　陳心心（inonat）
發 行 人　張輝潭
出版發行　白象文化事業有限公司
　　　　　412台中市大里區科技路1號8樓之2（台中軟體園區）
　　　　　出版專線：（04）2496-5995　　傳真：（04）2496-9901
　　　　　401台中市東區和平街228巷44號（經銷部）
　　　　　購書專線：（04）2220-8589　　傳真：（04）2220-8505
專案主編　陳逸儒
出版編印　林榮威、陳逸儒、黃麗穎、水邊、陳婷婷、李婕
設計創意　張禮南、何佳誼
經紀企劃　張輝潭、徐錦淳、廖書湘
經銷推廣　李莉吟、莊博亞、劉育姍、林政泓
行銷宣傳　黃姿虹、沈若瑜
營運管理　林金郎、曾千熏
印　　刷　基盛印刷工場
初版一刷　2020年5月
初版二刷　2020年9月
初版三刷　2021年11月
初版四刷　2022年6月
定　　價　350元